ゼロからわかる

ネットワーク超入門

改訂第3版

基礎知識から TCP/IPまで

柴田晃［著］

技術評論社

はじめに

　魔法技術の基礎講座へようこそ！この文章を目にしてくださってありがとうございます。魔法？技術？と疑問に思うかもしれませんが、少し想像してみて下さい。200年前の人が現代に時間を超えてやってきたとしたら、どう感じるでしょう？あなたの持っているスマートフォンは日本から1万8千キロメートルあまり離れたブエノスアイレスの友人の姿を見ながら話をすることができますし、あなたの知らない言葉について解説を求めればこたえをくれるし、学校や職場から自宅へ帰るときには到着時に暖かい部屋とお湯をたたえた湯舟を用意することもできるでしょう……形についてはそうは言い難いですがまるで魔法の杖です。この現代の魔法の杖は実際にはそれ単体ではすべての機能を発揮することはできません。その背後にある大きな仕組み、インターネットといろいろな装置群があなたの魔法の杖を支援しています。魔法の杖を支援する技術の一部が通信技術としてのTCP/IPです。本書は、はじめてTCP/IPネットワークについて学ぶ人に向けて、「なるべく手を動かしながら」「自分に近いところから学んでいく」というコンセプトで解説した入門書です。

　TCP/IPネットワークについては、書籍やホームページなどいろいろなメディアで数多くの解説がされています。TCP/IPネットワークに関連する技術はどれも難しく、1つの用語だけで数冊の本になってしまうことも珍しくありません。

　本書では、難しい技術をできるだけ理解しやすいよう、さまざまな工夫をしています。そのため、解説の順序が他の本などとは大幅に違います。その易しさから、他のTCP/IPネットワークの入門書で挫折した人にも理解できるハズ！　中高生にも薦められる本になりました。

　本書では、TCP/IPの技術全体を約3回、繰り返し学習していきます。まず1周目では、個別技術を一般社会にたとえるなどしながら、働きや役割を理解することを目標にします。2周目では、専門用語を交えながら正しく理解することを目標にします。最後に総まとめとして、全体を通じた復習を行います。

　何度も繰り返すのは面倒だと思うかもしれませんが、本書を読み、手を動かし、体験し、考えることで、最後の章を読んだときにきっと得るものがあるはずです。

　本書は理解することを第一の目標としていますので、専門用語の使用はやや少なく、時に、あいまいな使い方をしています。気になる言葉があったら、その言葉をお持ちのスマートフォンやパソコンにキーワードを入れて検索ボタンを押してみましょう。人類史上最強の情報装置が一瞬で過去のどんな長老らも入手しえなかった集合知が提示され、あなたの理解を助けるでしょう。ただし、この集合知は玉石混交であり、あなたの知りたいこととは離れた知識かもしれませんし、間違っているかもしれません。妄信せず、ウラをとる、複数の情報を比較するなど、自身で判断することも必要になります。

　本書を卒業した暁には、さらに高度な専門書を読むための準備ができています。筆者は、今でこそ皆さんよりも少しだけ詳しいのですが、実際にはまだ初心を忘れていない、文科系出身の自称中級者だと思っています。世の中には、ネットワーク分野の専門家がたくさんいます。筆者と本書を踏み台にして、そんな人になることを目指してください。

　初版は2010年に発行されましたが、技術評論者の鷹見成一郎氏にいただいたコンセプトのおかげで息の長い書籍になりました。今回、同じく技術評論者の野田大貴氏に指導・指摘をもらいながら、新しいOS、より広範な用語等にも対応して、初めて読んだ人に、よりわかりやすいように改訂ができました。

　本書が、皆さんの「TCP/IPネットワークはじめの一歩」のお手伝いになることを期待しています。

2023年7月　柴田 晃

目次

CHAPTER 2

IPアドレスって何だろう

CHAPTER 3
ルーティングはTCP/IP通信の要

71

CHAPTER 4
パケットでデータを分割

89

大切な2つの技術 ——TCPとUDP

CHAPTER 8
役割を分割するレイヤー

CHAPTER 9
ネットワークインターフェイス層の役割

177

CHAPTER 10
総復習
197

CHAPTER

0

本書を読む前に

私たちが普段あたりまえのように利用しているネットワークは、どのような
仕組みで動作しているのでしょうか。ネットワーク上のサービスを単に利用
するだけであれば、背後の仕組みについて詳しく学ぶ必要はありません。で
すが、何らかの形でコンピューターに関わるのであれば、ネットワークに関
する知識はもはや必要不可欠なものとなっています。

本書では、私たちにとって最も身近なネットワークであるインターネットと、
それを支えるTCP/IPと呼ばれる技術について学んでいきます。初めての
人も、他の入門書で挫折した人も安心してください。できる限りわかりやす
く、丁寧に解説していきます。

0-1 ネットワークの世界へようこそ

ネットワークの発達で、私たちの生活は便利になりました。「ネットワーク」とは、いったいどのようなものなのでしょうか。

ネットワークと、それを支える TCP/IP（ティーシーピーアイピー）の世界へようこそ。序章となる本章では、「この本を読むと何がわかるのか」がわかるようになります。

また後の章で体験するために標準で組込み済のターミナルというプログラムを使います。きちんと Windows 11 での実行方法から練習します。わかっている人にはなんてこともないようなことでも丁寧に記述しますから、他の入門書で挫折した人も大丈夫です。安心して読み進めてください。

まずは単独で動いていたコンピューター同士がつながって TCP/IP を使うようになる話、その後に本書でわかること、本書を読むうえでの準備について記述します。

TIPS

TCP/IP は、「Transmission Control Protocol/Internet Protocol」の略です。

TIPS

本書では Windows11 を主なターゲットとしていますが、Windows10、macOS、Linux（CentOS Stream 9、Ubuntu 22.04）でも読み替えて体験できるようになっています。スマートフォン（Android／iOS）についても一部解説しています。

0-1-1 ネットワークとは何か

昨今では、複数のコンピューター同士がデータを共有したり、プリンターを共用したり、データを保存する場所を共用したりすることが一般的になりました。このような作業を行うためには、複数のコンピューター同士で情報をやりとりしたり、共有したりするための仕組みが必要です。

ネットワーク（コンピューターネットワーク）は、こうした仕組みを実現するための技術を指す言葉であり、実際に出来上がったシステムのことを指す言葉でもあります。

コンピューターネットワークには、複数の装置（一般的に**ノード**といいますが、本書では装置とします）が含まれています。装置と装置の間にはデータが通る道筋（経路）があり、その道筋の中を通るデータの流れがあります。このような、装置、経路、データの流れをまとめてネットワークと呼びます（**図0-1**）。

また、ネットワークを通じて装置同士がデータのやりとりをすることを、**通信する**とも表現します。

TIPS

日本語には通信（ていしん）という言葉があります。通信とは今でいう手紙や電気通信をやりとりすることです。その通信関連を取りまとめていたのが通信省で、郵便局のシンボルマークは通信省の最初の一文字のテを意匠化した〒が引き継がれています。

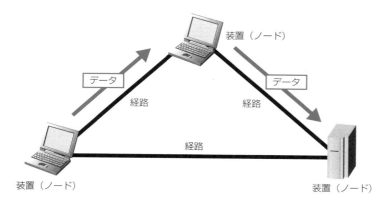

●図0-1　コンピューターネットワーク

0-1-2 ▶ コンピューター同士をつなぐ理由

　1990年代の前半頃までは、コンピューター（パソコン）は単独で使うことが普通でした。たとえばプリンターなどの周辺機器も、利用するコンピューターに直接つなげて使っていました。当時はプリンターが1台しかない環境では、いったんフロッピーディスクなどの記録メディアにデータを移し、プリンターが接続されているコンピューターにコピーして印刷する、などという手順を踏んだものです。

　ネットワークという形で複数のコンピューターを接続すれば、データのやりとりが容易になる、周辺機器を共有することができる、コンピューターごとに役割分担ができるようになるなど、さまざまなメリットがあります。

0-1-3 ▶ ネットワークの広がり

　コンピューターネットワークも、最初から今のような巨大なシステムだったわけではありません。最初は、コンピューターとコンピューターをつなげるところから始まりました。大学などの研究施設を中心に、その組織内部でネットワークをつなげるなど研究されつつ、有用性が認められながら広がり続けました。

　しかし、このままでは、小さなネットワークがさまざまな場所に独立して存在しているだけです。現在のようなインターネットのあるネットワークの姿になるには何かが足りません。そう、ネットワーク同士がつながっていないのです。

　ネットワーク技術の登場によって、コンピューターネットワークはさまざまな組織の中で発達し広がっていきました。そのような中で、さらに組織を超えてネットワーク同士をつなげようという動きが出てきたのは自然なことでしょう（**図0-2**）。

TIPS

印刷したくても、プリンターが接続されているパソコンに肝心のソフトがインストールされておらず、印刷できないということもありました。

TIPS

フロッピーディスクとは、1990年代当時ほとんどのコンピューターに読み取り装置のついていた外部記録メディアです。古く普及したものほど物理的なサイズが大きく、8インチ、5.25インチ、3.5インチと小さくなりました。

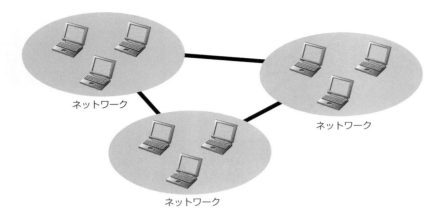

●図0-2　ネットワーク同士が結びつき、広がっていく

　このような動きの中で、現在のインターネットの原型となったのは、**ARPA**
（Advanced Research Projects Agency：アメリカ国防総省　国防高等研究計
画局）のネットワークである**ARPANET**だといわれています。

　ネットワーク同士が結びつくことで、ネットワークの利用はさらに拡大し
ていきました。

0-1-4 ▷ 身の回りのネットワーク

　ここまで装置をコンピューターと表現していました。コンピューターはパソコ
ンだけではありません。スマートフォンもゲーム機もコンピューターですし、
Wi-Fiの親機（一般にはWi-Fi付きブロードバンドルータ）だけでなくテレビや録
画装置なども通信機能を持っており、ネットワークにつなぐ装置でもあります。

　スマートフォンではニュースを提供する装置から記事を受け取り、あなた
に見せます。タブレットやパソコンで通信型のゲームをすることもあるかも
しれません。通信型のゲームというと、多人数で協力しあいながら同時に敵を
倒したり、バトルロイヤルのように多人数、あるいは一対一で互いをライバル
とするようなものや、同時に自動車や自転車などで競うレースのようなゲー
ムなどたくさんの種類があります。これらはそれぞれの装置が同時に情報を
他者の情報を受け取り、自分の情報を送ることで、あなたはそこには一人でい
るかも知れませんが、場を共有するのです。この場を作るためにはネットワー
クはなくてはならない必須の技術です。

TIPS

1960年代から始まったパケット
交換や複数のネットワークに接
続する研究ではARPANETた
だ一つだけでなく、イギリス国
立物理学研究所のMark Iや
フランスのCYCLADES、アメ
リカのミシガン大学のMerit
Networkなどインターネットの
成立に影響を与えた複数のネッ
トワークも存在しました。

O-2 TCP/IPとは何だろう

現代のネットワークやインターネットを支えている大切な技術の1つが、TCP/IPです。

O-2-1 ▷ プロトコルとは

　「コンピューター同士をつなぐ」というだけなら簡単ですが、つなげばすぐにやりとりができるわけではありません。やりとりするデータをボールに見立ててみたときに、一方はテニスのルールで、もう一方はサッカーのルールで、などという状態ではゲームになりません。

　ネットワークでコンピューター同士をつなぐときも同様で、データをやりとりするために共通のルール、手順が必要になります。お互いがルールを守ることによって、データの信頼性を高めたり、データを効率良く送ったりすることにもつながります。

　このような、共通のやりとりのルール、すなわち手順を規格化したものを**プロトコル**といいます。コンピューターネットワークにおけるプロトコルは、互いに同じレベルで情報をやりとりするための手順のことを指すものです（**図0-3**）。

TIPS

つなぐと一言でいいますが、目で見てわかるような、線でつなぐ方法もあれば、音や光でやりとりできる論理的につながっている状態もあります。これらは9-3で学びます。

TIPS

プロトコルについては、本書の7章で詳しく学びます。

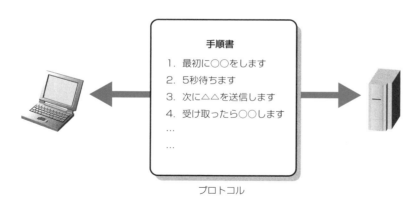

　　　　　手順書

　　1. 最初に○○をします
　　2. 5秒待ちます
　　3. 次に△△を送信します
　　4. 受け取ったら○○します
　　　…
　　　…

プロトコル

●図0-3　プロトコルとは、共通のルール・手順を規格化したもの

0-2-2 ▷ TCP/IPとは

TCP/IPは、コンピューター同士が通信をする手段と手順の名前です。プロトコルの名前でもあり、それを含んだ一連のネットワーク関連技術の総称でもあります。

TCP/IPは単一、ただ1つのプログラムや仕組み（プロトコル）ではありません。複数の機能を実現するために**階層構造**をとっています。つまり、複数のプログラムで構成される、プロトコルの集まりがTCP/IPだと考えてください。

かつては、TCP/IP以外の通信手段や通信手順が広く使われていた時代もありましたが、1990年代半ばにMicrosoft Windows 95が標準でTCP/IPを装備したころから、多くのネットワークでTCP/IPを使った通信が行われるようになりました。

現在、皆さんがあたりまえのように使っているインターネットは、TCP/IPの技術を使って構築されています。つまり、皆さんは知らず知らずのうちに、TCP/IPを利用しているのです。

TCP/IPは、「たらいまわしネットワーク」型の通信方式ということができます。どういうことかというと、データを送る宛先が自分の手の届く範囲であれば自分で届け、そうでないときには誰かに任せて「あとはヨロシク」という方式です。

これだけ聞くと投げやりや無責任、あるいは不十分というような悪い意味での「いい加減」だと思うかもしれませんが、本書を読めば適度に任せて適度に責任を移譲する意味での「いい加減」で、その優れた仕組みを理解することができるでしょう。

TIPS

インターネットは、ネットワーク同士が相互につながるということからきた名称です。

0-3 本書で学ぶこと

本書では、さまざまな技術について学んでいきます。学習を始める前に、何を学ぶのかを整理しておきましょう。

0-3-1 ▶ TCP/IPの階層構造について

図0-4は、TCP/IPネットワークの技術の階層を表した図です。今は詳しいことは気にせずに、本書の中でそれぞれの階層について学んでいくと考えてください。

OSI基本参照モデル		TCP/IPモデル
アプリケーション層	7	
プレゼンテーション層	6	アプリケーション層
セッション層	5	
トランスポート層	4	トランスポート層
ネットワーク層	3	インターネット層
データリンク層	2	ネットワークインターフェイス層
物理層	1	

●図0-4　TCP/IPネットワークの階層構造

　TCP/IPというのは、厳密には**図0-4**のOSI基本参照モデルの中の3番目と4番目の階層（トランスポート層はTCPとネットワーク層はIP）のプロトコル、つまり全体の一部分のみを指します。ですが、その部分だけを学んでも、ネットワーク全体の仕組みを理解するには不足しています。本書では、TCP/IPだけでなく関連するさまざまな技術について学んでいきます。

0-3-2 ▶ 本書で学ぶことのできる技術

本書で学ぶことのできる技術について、**表0-1**に挙げてみました。

●表0-1　本書で学べる主な技術

学習内容	該当章
ネットワーク通信の基本体験	1章
IPアドレスの仕組み	2章
ルーティングの仕組みと役割	3章
パケットの仕組みと役割	4章
TCPとUDPの仕組みと役割	5章
ポート番号の仕組みと役割	5章
ネットワーク経路調査の基本体験	6章
サーバー、クライアント、プロトコル	7章
レイヤー構造、TCP/IPモデル、OSI基本参照モデル	8章
物理層とMACアドレス	9章
スイッチの仕組みと役割	9章

● ネットワーク通信の基本体験 —— 1章

1章では、pingという基本的なコマンドを使って、ネットワーク通信の基本を体験してみます。ネットワークを通じて、コンピューター同士がどのようなやりとりをしているのか、見ていきましょう。

● IPアドレスの仕組み —— 2章

TCP/IPのネットワークにおいて、通信する相手を特定するための「宛先」「住所」にあたるのがIPアドレスという数値です。2章では、このIPアドレスの基本を学んでいきます。

● ルーティングの仕組みと役割 —— 3章

先に、TCP/IPのネットワークを「たらいまわしネットワーク」型の通信方式と述べました。このたらいまわしを実現するのが、ルーティングと呼ばれる技術です。3章では、インターネットにとって重要なルーティングの仕組みと役割について学びます。

● パケットの仕組みと役割 —— 4章

ネットワークを通じて送られるファイルやデータは、そのままの形で経路を通るのではありません。手紙を封筒に入れるように、荷物を小包に梱包するように、データはパケットという形にされ、やりとりされます。4章では、このパケットの仕組みと役割について学びます。

● TCPとUDPの仕組みと役割 —— 5章

TCP/IPのネットワークでは、TCPとUDPという、性格の異なる2つの仕組みが用意されています。5章では、TCPとUDPの違い、それぞれの役割について解説します。

● ポート番号の仕組みと役割 —— 5章

メール、ホームページ、ファイル共有など、ネットワークではさまざまなプログラムが動いています。こうした複数のプログラムがネットワークでうまくデータをやりとりするための仕組みの1つが、ポート番号です。ポート番号の仕組みと役割についても、5章で学びます。

● ネットワーク経路調査の基本体験 —— 6章

6章では少し趣向を変えて、ネットワークの経路を調査するためのコマンドの使い方を解説します。また、それらのコマンドに使われているICMPという技術の仕組みについても学びます。

● サーバー、クライアント、プロトコル —— 7章

7章では、ネットワークでデータをやりとりするためのルール、手順であるプロトコルの役割について学びます。また、プロトコルによるやりとりを行う際の、サーバー、クライアントの役割についても見ていきます。

● レイヤー構造、TCP/IPモデル、OSI基本参照モデル —— 8章

本章で、TCP/IPネットワークの仕組みが階層構造だと説明しました。こうした階層構造は、レイヤー構造ともいいます。8章では、代表的なネットワークの階層構造であるTCP/IPモデルとOSI基本参照モデルについて学習します。

● 物理層とMACアドレス —— 9章

ネットワークの階層構造は、私たちユーザーに最も近いアプリケーションから、ネットワークのケーブルや電気信号といったハードウェアの層まで分かれています。9章では、ハードウェアに近い層でどのような処理が行われているのかを学んでいきます。

● スイッチの仕組みと役割 —— 9章

同じく9章では、ネットワークの通信経路を切り替えるための装置であるスイッチの役割について学びます。

0-4 本書を読み進めるための準備

ここでは、本書を読み進めるうえで必要な準備をしていきます。ターミナルの起動方法、telnetコマンドを利用可能にし、またプログラマー電卓の起動方法、2進数と10進数について学びます。

0-4-1 ▶ ターミナルの操作方法

本書では、Windowsのさまざまなネットワークコマンドを使って学習を進めていきます。そのうえで必須のプログラムが、ターミナルです。ターミナルの起動、終了方法を紹介します。

Step1 ▶ **ターミナルを起動する**

[スタート]ボタンを右クリック（または ⊞ キー +Ⓧ）→[ターミナル]を左クリックします。

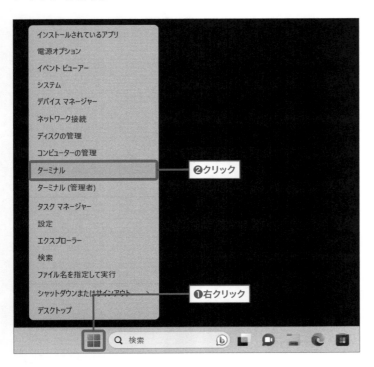

> **TIPS**
> Windows 11ではターミナルが標準ですが、本書の内容はWindows 11のコマンドプロンプト（⊞キー+Ⓡ→「cmd」と入力して、[OK]をクリック）でも実行できます。

> **TIPS**
> 本書で解説する操作はWindows PowerShellでも実行可能です。PowerShellはコマンドプロンプトと同じく、Windows向けのCUI（CLI）を提供するプログラムです。Windows PowerShell は⊞キー+Ⓡで「ファイル名を指定して実行」を表示し、名前欄に「powershell」と入力してⒺⓃⓉⒺⓇを押下、もしくは[OK]をクリックします。

Step2 ▶ **ターミナルの画面が表示される**

ターミナルの黒いウィンドウが表示されます。

Step 3 ターミナルを終了する

ウィンドウ右上の ボタンをクリックします。

クリック

0-4-2 ▶ telnetを使えるようにする

7章で使用するtelnetコマンドは、標準状態では使えないようになっています。ここでは、Windows 11でtelnetを使うための事前準備について紹介します。

Step1 Windowsの設定を開く

[スタート]ボタン→[設定]をクリックします。

❷クリック

❶クリック

「Windowsのその他の機能」を選ぶ

［アプリ］→［オプション機能］→［Windowsのその他の機能］の順にクリックします。

TIPS

メニュー項目「アプリ」がウィンドウの左側に表示されないときは、ウィンドウの横幅を広げるか、左上の設定ボタン「≡」をクリックします。

TIPS

Windows 10の場合には［アプリ］→［プログラムと機能］→［Windowsの機能の有効化または無効化］の順にクリックします。

TIPS

ウィンドウサイズによって［プログラムと機能］の表示位置が変わることがあります。

［Telnetクライアント］をチェックする

［Telnetクライアント］にチェックを入れ、［OK］ボタンをクリックします。

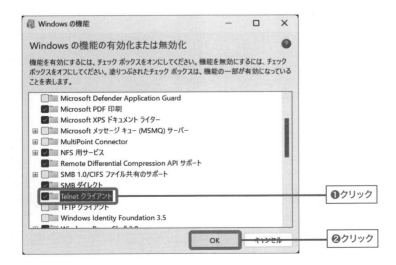

0-4-3 > プログラマー電卓を利用する

　ネットワークの学習を行ううえで、あると便利なのが電卓です。学習におい
て、10進数や2進数といった数値の計算・変換を行うからです。Windows付属
の電卓プログラムは、2進数を扱う機能（プログラマー電卓）も備えています。

Step1 電卓を起動する

［スタート］ボタン→［電卓］の順にクリックします。

📦 TIPS

電卓が見つからない場合は「すべてのアプリ」をクリックしてアプリの一覧から探してください。

Windows 10の場合もアプリの一覧から探してください。

Step2 プログラマー電卓に切り替える

左上の ≡ →[プログラマー]の順にクリックします。

TIPS
「HEX」は16進、「DEC」は10進、「OCT」は8進、「BIN」は2進を示します。

HEX・DEC・OCT・BINのうち、たとえば、DECの色が変わっているときには10進数が入力できます。同時にHEXの右には16進数、DECには10進数、OCTには8進数、BINには2進数に変換された数が表示されます。メイン表示とHEX・DEC・OCT・BINは同じになり、クリックすると、入力されている数が変換されて表示されます。

0-4-4 ▶ プログラマー電卓で10進数と2進数を変換する

コンピューターやネットワークを理解するうえで外すことのできない重要な要素に、2進数があります。まずは、手軽に2進数を知ることのできるプログラマー電卓で試してみましょう。172という10進数を、2進数に変換する手順を学びます。

TIPS
この他に、家庭用のブロードバンドルーターがあると、実験をする際に便利です。

0-4-3の手順を参考にして、プログラマー電卓を起動します。電卓の左側にある［DEC］の文字列をクリックし、2進数にしたい数（ここでは「172」）と入力します。172と表示された画面の下にある、0がたくさん並んだ部分の下段右側（「BIN欄」）に、求める2進数の値（ここでは「10101100」）が表示されます。

TIPS
数値の入力の際は、マウスを使って画面のボタンをクリックしても、キーボードの数字キーを押しても、どちらでもかまいません。

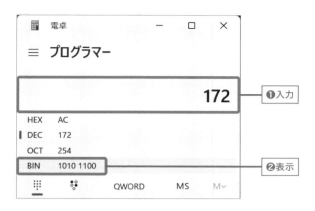

❶入力

❷表示

COLUMN ☕

macOSでプログラマ電卓を利用する

　macOSで2進数などが表示できる電卓を利用するには、アプリケーションフォルダ中の「計算機」を開き電卓を起動します。

　画面上部のメニューの中の[表示]を選択し、[プログラマ] をクリックします。こうするとプログラマ要素が有効になります。表示部右下の「8 10 16」のうちの10が押された状態で、数字を入力して[16]をクリックすると、入力した数が16進数で「0x」に続いて表示されます。2進数表記は中段に表示されています。2進数表示が隠されていることがあります。表示されないときは「バイナリを表示」ボタンをクリックすると、0がたくさん並んだ部分の下段右側に、求める2進数の値が表示されます。

 TIPS

一般に0xで始まるときは16
進数であることを示します。

0-4-5 ▶ 10進数と2進数の変換方法を学ぶ

普段の日常生活では、おそらく10進数だけを使う人が多いでしょう。ですが、コンピューターやネットワークの世界では、さまざまな場面で2進数や16進数が使われています。

2進数というのは、「0」と「1」という2つの数字だけを使って、数を表現する手法です。たとえば、普段私たちが目にする10進数の「9」という数は、2進数では「1001」と表現できます。

では、まず2進数から10進数へと変換してみましょう（**図0-5**）。図にあるように、2進数の右の桁から順に、各桁の数値に対して2の0乗（1）、2の1乗（2）、2の2乗（4）、2の3乗（8）……と、2のべき乗を掛けた数値を合計します。これで、1001という2進数は9という10進数に変換できます。

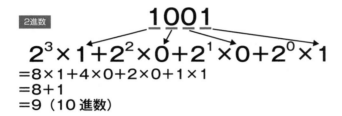

●図0-5　2進数から10進数に変換するための計算方法

逆に10進数から2進数へと変換してみましょう。ここでは、「13」という10進数の数を2進数に変換します（**図0-6**）。

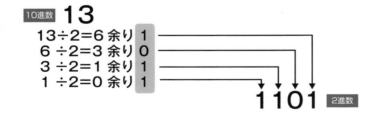

●図0-6　10進数から2進数に変換するための計算方法

まず、13を2で割ると、答えは6余り1です。続けて、前に出た答えの6を2で割ると、3余り0です。同様にして、答えの3を2で割ると1余り1、続けて1を2で割ると答えは0余り1です。

ここまで計算できたら、求められた余りを右から順に並べていきます。すると、13（10進数）を1101（2進数）に変換できます。

CHAPTER

1

体験! インターネット

これから学んでいく対象について、予習しておくことは大切です。TCP/IP
ネットワークの仕組みについて詳しく学んでいく前に、まずはインターネット
を使った通信を体験してみましょう。

本章では、pingというネットワークコマンドを使って、インターネットの向こ
う側にあるコンピューターと実際に通信を行います。ネットワーク越しに相
手に声をかけ、返事が戻ってくる……たったそれだけのことですが、ネット
ワーク通信の基本はすべてここに詰まっています。

成功する場合も、失敗する場合もあるでしょう。本章を読めば、どういった
場合は成功で、どういった場合が失敗なのか、きちんと見分けられるように
なります。

1-1 本章で学ぶこと

TCP/IPネットワークについて学んでいく前に、実際にネットワーク越しに他のサーバーとの通信を体験してみましょう。ここでは、pingというコマンドを使った通信方法を紹介します。

1-1-1 ▶ pingでインターネット通信を体験

本章では、インターネット通信の最初の一歩として、ping（ピン）と呼ばれるコマンドを使った簡単な通信体験をしていきます（**図1-1**）。成功例だけでなくあえて失敗も体験してみます。pingコマンドを実行した結果が、はたして失敗なのか成功なのか、判定するための方法を学んでいきましょう。

TIPS

「ping」はピンと呼ぶのが一般的ですが、ピングと呼ぶ人も多いようです。

TIPS

コマンドとは、コンピューターに対する命令のことです。

TIPS

サーバーについては7章で学びます。

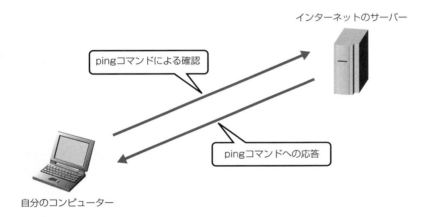

●図1-1　pingコマンドによる簡単なインターネット通信

1-2 インターネット通信、最初の一歩

最初にpingコマンドを使って、「相手のサーバーから応答が返ってくる」──つまり通信成立、という体験をしてみましょう。サーバーからの応答があるかを試してみます。

1-2-1 ▶ pingとは

pingは、TCP/IPネットワークの現場で最もよく使われるプログラムの1つです。この名前は、潜水艦が海の中で音を「ピ！」と鳴らし、「コーン！」と音が跳ね返ってきたら何かモノがあるということがわかるソナーと同じような仕組みであるところから名付けられました（**図1-2**）。

TIPS
pingには「ピッ」といった音が鳴るという意味があります。

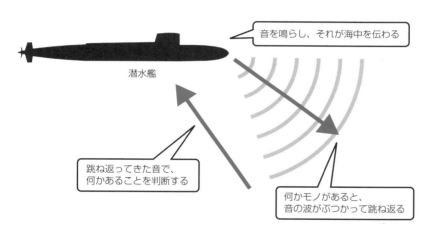

音を鳴らし、それが海中を伝わる

潜水艦

跳ね返ってきた音で、何かあることを判断する

何かモノがあると、音の波がぶつかって跳ね返る

●図1-2　潜水艦のソナーの仕組み

とはいえ、コンピューターの場合は、潜水艦のソナーのように自動的に跳ね返ってくるわけではありません。簡単にいえば、「おーい」と声をかけられたことに対して「はい」と返事をする様子を想像してみてください。つまり、ネットワーク越しに相手のサーバーに声をかけて、返答があるかどうかを見るわけです（**図1-3**）。

TIPS
詳しくは6-2-2で学ぶことで、声をかけるというのは返事を要求しています。要求ですから後の実験でも出てきますが返事をしない装置もあります。

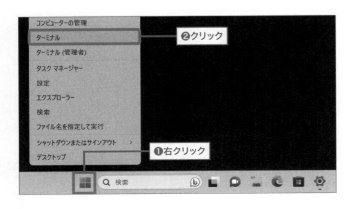

インターネットのサーバー

返答があるかどうか確認する

動いてますか？

動いてますよ！

確認に対して返答する

自分のコンピューター

●図1-3　TCP/IPネットワークでのpingの動き

　この声をかけるためのコマンドがpingです。ネットワーク業界では「pingを打つ」などと表現をすることが多いようです。

　本書では、おもにWindowsを使っている人を対象に学習を進めていきますが、masOSやLinuxなど、TCP/IP技術を使っている多くのOSではたいていpingを使うことができます。

1-2-2 ▸ ping初体験

　pingの基本的な機能は、「声をかけて、返事を待つ」というとても簡単なものです。それでは、さっそく実験してみましょう。最初に成功例を見てみます。コマンドプロンプトを開き、「ping 127.0.0.1」というコマンドを入力し、最後に Enter キーを押してみましょう。

Step1　ターミナルを起動する

［スタート］を右クリック→［ターミナル］をクリックします。

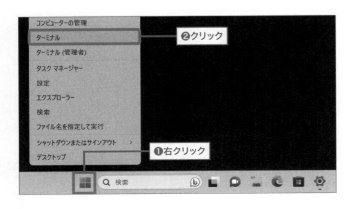

| コンピューターの管理 |
| ターミナル | ❷クリック |
| ターミナル (管理者) |
| タスク マネージャー |
| 設定 |
| エクスプローラー |
| 検索 |
| ファイル名を指定して実行 |
| シャットダウンまたはサインアウト |
| デスクトップ | ❶右クリック |

TIPS

macOS では Finderで［アプリケーション］→［ユーティリティ］→［ターミナル］で開きます。

TIPS

Windows 10 では Windows PowerShellを起動します。コマンドプロンプトでもおおよそ同等の操作が可能です。

Step2 ▶ pingコマンドを入力する

「ping 127.0.0.1」と入力し、 Enter キーを押します。

TIPS

コマンドを入力する際には、すべて半角の英数字で入力する必要があります。注意してください。

TIPS

「ping」と「127.0.0.1」の間には、半角スペースを1つ入れてください。

Step3 ▶ 実行結果が表示される

画面にpingコマンドの実行結果が表示されます。

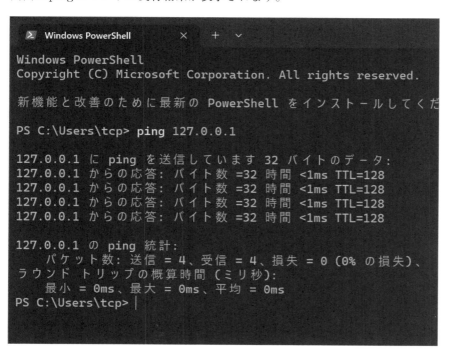

TIPS

macOSやLinuxの場合、待っていてもpingの実行は止まりません。 control + C または ctrl + C で中止しましょう。

1-2-3 ▶ 実行結果を確認する

1-2-2のStep3に似た画面が表示されましたか？ 数値など、細かな部分の内容が少し異なるかもしれませんが、今は気にしなくても大丈夫です。ここで最も大切なことは、**応答が返ってきたかどうか**です。

OSによって多少の差があったとしても、コマンドの実行結果として表示される内容は基本的に同じです。「声をかけて、返事を待ち」（**図1-4の❶**）「返事があったなら、返事はどのような内容であったかを表示する」（**図1-4の❷**）、これがpingコマンドの機能です。

●**図1-4　ping コマンドの実行結果**

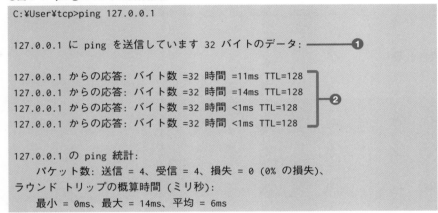

```
C:¥User¥tcp>ping 127.0.0.1

127.0.0.1 に ping を送信しています 32 バイトのデータ:　　　❶

127.0.0.1 からの応答: バイト数 =32 時間 =11ms TTL=128
127.0.0.1 からの応答: バイト数 =32 時間 =14ms TTL=128      ❷
127.0.0.1 からの応答: バイト数 =32 時間 <1ms TTL=128
127.0.0.1 からの応答: バイト数 =32 時間 <1ms TTL=128

127.0.0.1 の ping 統計:
    パケット数: 送信 = 4、受信 = 4、損失 = 0 (0% の損失)、
ラウンド トリップの概算時間 (ミリ秒):
    最小 = 0ms、最大 = 14ms、平均 = 6ms
```

1-2-4 ▶ 今、何を体験したのか

今回の体験では、pingというプログラムに「127.0.0.1」という数字とピリオドの並んだ**引数**を与えました。引数については1-3-1で解説しますが、本章の前半で学んだように、pingコマンドはネットワーク越しのサーバーに声をかけます。現段階では、pingコマンドが声をかけた相手の名前が「127.0.0.1」だと理解してください。

127.0.0.1というのは、実は自分自身——つまりpingコマンドを実行したコンピューターを指す数字です。自分自身ですから、必ず存在します。よって、自分自身に対してpingコマンドが「おーい」と声をかけて、「はい」という応答を返したというわけです。

ここでは、応答が返ってきたらひとまず成功だと考えてください。

TIPS

pingに対して、対象のコンピューターからの応答が戻ってくるまでの時間をラウンドトリップタイムといいます。

TIPS

macOSやLinuxのpingの統計はping statisticsと表題がついて表示されます。英語であったり、平均と最大の順番が違ったりと、一部の表記の違いはありますがおおむね同じです。英和辞典を片手に見てみましょう。

TIPS

127.0.0.1が何を指すものなのかについては、2章で学んでいきます。

TIPS

pingコマンドに対して「返事をしない」という設定をすることも可能なのですが、本書では詳細は割愛します。

COLUMN ☕

コマンドの入力間違いに注意

　もしかすると、Windowsでコマンドを実行して図のように表示された方がいるかもしれません。この場合、最初に入力したはずの「ping」というコマンドのどこかが間違っています。

```
C:¥User¥tcp>pin g 127.0.0.1
'ping' は、内部コマンドまたは外部コマンド、
操作可能なプログラムまたはバッチ ファイルとして認識されていません。
```

　実は上図では、「pin g」という文字の最後の「g」が全角文字なのです。これは、一見しただけではなかなか気付かないので半角文字だけで入力するように注意しましょう。

　英字の大文字・小文字の違いにも注意してください。Windowsでは、コマンド名が大文字でも実行できます。pingではなく「PING」としてもOKです。

　ただし、他のOSの場合にはうまくいきません。たとえば、Linuxでは、コマンドは必ず半角小文字で「ping」と入力する必要があります。皆さんも、今後Windows以外のコンピューターを使う機会があるかもしれません。その際に混乱しないように、半角かつ小文字で「ping」と入力しましょう。

　言うまでもないかもしれませんが、コマンドを入力したら、最後に Enter キーを押すことをお忘れなく。

COLUMN ☕

スペースを忘れないで

　ターミナルやコマンドプロンプトの場合、最初に書くものはコマンドの名前です。引数（**1-3-1**参照）から始まることはありません。

　引数を指定する場合、コマンドの後に半角スペースを入力し、その後に続けて入力してください。コマンドに続けて引数を書きたいときに、区切りとして必ずスペースを空けることは決まりです。

　また、コマンドによっては複数の引数を同時に与えることも可能です。このように複数の引数を与える場合には、コマンドと引数の間だけでなく、引数と引数の間にもスペースを空けましょう。

1-3 pingコマンドの詳しい使い方

本章で入力したコマンド、「ping 127.0.0.1」の意味について、詳しく解説します。pingコマンドに指定できる引数やオプションについて学んでいきましょう。

1-3-1 ▶ 引数とオプション

今回実行したコマンドの意味と、引数、オプションについて学びましょう。

最初の「ping」という部分では、あなたのコンピューターに対して「pingというプログラムを動かしなさい」という指示を与えています。そして、先に少し触れたように、スペースを1つ空けて入力した「127.0.0.1」は、pingを使って声をかける相手を指す数値で、**IPアドレス**といいます。また、このようにコマンドを実行する際に与える値を**引数**と呼びます。

pingコマンドを実行する場合、宛先に相当する引数を必ず与えます。

多くのコマンドには**オプション**というしくみが用意されています。

召使いロボットを例に考えます。ロボットに「コーヒーを入れて」という命令を出すのに、「1杯」「3杯」など追加できる、このような指定をオプションと呼びます。オプションによって、より細かな指示を与えられます。

多くのコマンドは、オプションが何も指定されていない場合の標準的な動作が決められています。つまり、標準的な動作以外のことを実行したい場合には、オプションを使って、より細かな指示を与える必要があるわけです。

一般的に、オプションや引数は、数字や文字列として与えます（**図1-5**）。

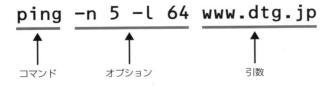

●図1-5　コマンドと引数とオプションの関係

召使いロボットに対しては、他にもコーヒーの種類、砂糖の有無、アイスかホットかなどといった指定ができるかもしれません。これらもオプションにあたります。コマンドも同様で、オプション（や引数）が1つしか指定できないものもあれば、複数指定できるものもあります。

TIPS
IPアドレスについては、2章で詳しく学びます。

TIPS
文字列とは、「gihyo」などのように文字のあつまりの連続したひとかたまりのことを指します。

TIPS
図1-5をLinuxで同等の実行するときにはping -c 5 -s 56 www.dtg.jpとなります。

1-3-2 ▶ pingコマンドのオプション

　オプションを使うと、たとえばpingコマンドでは、データを送る回数を指定できます。Windowsの場合、回数の指定をしないとpingのデータを4回送って終わりにします。macOSやLinuxの場合は回数を指定しないと止まらず、control + C で停止指示を出す必要があります。

　4回を2回に変更するには、宛先の引数「127.0.0.1」の前に「-n 2」というオプションを追加します。つまり、「ping -n 2 127.0.0.1」となります（**図1-6**）。

TIPS

macOSやLinuxで実行するときはWindowsの-nを-cに読み替えましょう。macOSの場合は同じ機能のオプションは「-c 2」ですので「ping -c 2 127.0.0.1」となります。

TIPS

macOSやLinuxでは-c（Windowsの-n）の後ろの数を変えて、どのように結果が変わるか試してみましょう。

●図1-6　pingのデータを送る回数を2回に変更する

```
PS C:\Users\tcp> ping -n 2 127.0.0.1

127.0.0.1 に ping を送信しています 32 バイトのデータ:
127.0.0.1 からの応答: バイト数 =32 時間 <1ms TTL=128
127.0.0.1 からの応答: バイト数 =32 時間 <1ms TTL=128

127.0.0.1 の ping 統計:
    パケット数: 送信 = 2、受信 = 2、損失 = 0 (0% の損失)、
ラウンド トリップの概算時間 (ミリ秒):
    最小 = 0ms、最大 = 0ms、平均 = 0ms
PS C:\Users\tcp> |
```

　図1-6の実行結果を見ると、**図1-4**で4行表示されていた部分が2行になっています。-nの後ろの数を変えて、何度か試してみましょう。

　pingのオプションは、-nのように回数を変えるものだけではありません。どんなオプションが使えるかを知りたいときにはオプションも引数もつけずに「ping」を実行します。pingコマンドの使い方が表示されます（**図1-7**）。

●図1-7　ping の実行結果（Windowsの場合）

```
PS C:\Users\tcp> ping

使用法: ping [-t] [-a] [-n 要求数] [-l サイズ] [-f] [-i TTL] [-v TOS]
            [-r ホップ数] [-s ホップ数] [[-j ホスト一覧] | [-k ホスト一覧]]
            [-w タイムアウト] [-R] [-S ソースアドレス] [-c コンパートメント]
            [-p] [-4] [-6] ターゲット名

オプション:
    -t              中断されるまで、指定されたホストを Ping します。
                    統計を表示して続行するには、Ctrl+Break を押してください。
                    停止するには、Ctrl+C を押してください。
    -a              アドレスをホスト名に解決します。
    -n 要求数       送信するエコー要求の数です。
```

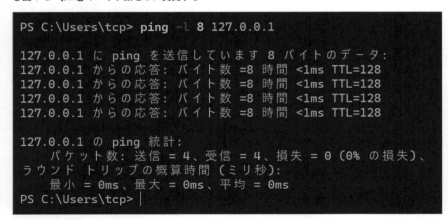

```
        -l サイズ          送信バッファーのサイズです。
        -f                 パケット内の Don't Fragment フラグを設定します (IPv4 のみ)。
        -i TTL             Time To Live です。
        -v TOS             Type Of Service (IPv4 のみ。この設定はもう使用されておらず、
                           IP ヘッダー内のサービス フィールドの種類に影響しません)。
        -r ホップ数        指定したホップ数のルートを記録します (IPv4 のみ)。
        -s ホップ数        指定したホップ数のタイムスタンプを表示します (IPv4 のみ)。
        -j ホスト一覧      一覧で指定された緩やかなソース ルートを使用します
                           (IPv4 のみ)。
        -k ホスト一覧      一覧で指定された厳密なソース ルートを使用します
                           (IPv4 のみ)。
        -w タイムアウト
                           応答を待つタイムアウトの時間 (ミリ秒) です。
        -R                 ルーティング ヘッダーを使用して逆ルートもテストします
                           (IPv6 のみ)。
                           RFC 5095 では、このルーティング ヘッダーは使用されなくなり
                           ました。このヘッダーが使用されているとエコー要求がドロップ
                           されるシステムもあります。
        -S ソースアドレス
                           使用するソース アドレスです。
        -c コンパートメント
                           ルーティング コンパートメント識別子です。
        -p                 Hyper-V ネットワーク仮想化プロバイダー アドレスを
                           ping します。
        -4                 IPv4 の使用を強制します。
        -6                 IPv6 の使用を強制します。

PS C:\Users\tcp> |
```

このうち、「-l」というオプションと組み合わせる数字に「8」を指定すると、**図1-8**のようにバイト数の値が「8」になります。-lで数字を指定しないときには32バイトのデータになっていました。

TIPS

Windowsでは、「ping /?」でも表示できます。

TIPS

バイトは情報量を示す単位です。バイトという表現は本書では1オクテット、すなわち8ビットと等価として解説します。過去には1バイトが7ビットや12ビットのコンピューターも存在したようですが、現在は一般的に1バイトは1オクテット、すなわち8ビットです。

TIPS

macOSやLinuxでは「ping -s 8 127.0.0.1」と読み替えてください。

●**図1-8　ping のバイト数を8に変更する**

```
PS C:\Users\tcp> ping -l 8 127.0.0.1

127.0.0.1 に ping を送信しています 8 バイトのデータ:
127.0.0.1 からの応答: バイト数 =8 時間 <1ms TTL=128
127.0.0.1 からの応答: バイト数 =8 時間 <1ms TTL=128
127.0.0.1 からの応答: バイト数 =8 時間 <1ms TTL=128
127.0.0.1 からの応答: バイト数 =8 時間 <1ms TTL=128

127.0.0.1 の ping 統計:
    パケット数: 送信 = 4、受信 = 4、損失 = 0 (0% の損失)、
ラウンド トリップの概算時間 (ミリ秒):
    最小 = 0ms、最大 = 0ms、平均 = 0ms
PS C:\Users\tcp> |
```

COLUMN ☕

コマンドのデフォルト動作

　オプションを指定しなかった場合、プログラムの作成者やシステムの管理者など、誰かが良かれと考えて決めた既定の値が入ります。こうした規定の値を、コンピューター業界では**デフォルト（default）**値と呼びます。

　たとえばWindowsのpingコマンドでは、「ping 127.0.0.1」は、「ping -n 4 -l 32 127.0.0.1」と同じです。

TIPS

デフォルトという用語は、ビジネス一般では債務不履行のことを指します。とくに英語話者には、「default value」と言わないと理解してもらえないので、省略しないようにしましょう。

COLUMN ☕

macOS ・ Linux での注意点

　macOSやLinux環境のpingコマンドは回数を指定しないとずっと送り続けます。この時には control + C （ control キーを押しながら、 C キーを押す）または Ctrl + C （ Ctrl キーを押しながら、 C キーを押す）を実行して、強制的に中断する必要があります。もちろん、引数で回数を指定することもできます。ただし、Windows環境では「-n」が回数の指定だったのに対し、macOSやLinuxでは「-c」が回数の指定です。「ping -c 4 127.0.0.1」と読み替えてください。基本的に本書ではWindowsの実行を例示するので、pingの場合はオプション指定をして「ping -c 4 127.0.0.1」のように実行するか、自身で Ctrl + C を押して適当なところで止めてください。また、macOSやLinuxでの「ping 127.0.0.1」をWindowsで同じように実行するには「-t」を付けて、「ping -t 127.0.0.1」と実行します。

　このようにOSが違っても、ある程度は同じことができます。オプションをよく見て、試してみましょう。これらのオプションはmacOSとLinuxはだいたい同じですが、Windows とはかなり違います。読み替えることや調査に慣れておきましょう。

　macOSやLinuxにおいても引数なしで有効でないオプション（たとえば-zや-xなど）とともにpingコマンドを実行（例：ping -z）すると、引数やオプションにどのようなものがつかえるか、簡単な内容が表示されます。あまりに簡単なので、かえってわかりにくいかもしれません。「man ping」として、オンラインマニュアル（ Q で終了）を表示したほうが良いでしょう。

TIPS

詳しく使い方を知りたい場合、Linuxでは「man ping」というコマンドを使ってpingコマンドのマニュアルを読むことができます。

1-4 pingコマンドの失敗

ここでは、pingコマンドの実行に失敗した場合の例を学んでいきます。どのような場合が成功で、どのような場合が失敗なのか、その原因は何か、考えてみましょう。

1-4-1 ▷ pingに失敗するとどうなるか

ここまで、pingコマンドが成功した例を見てきました。ですが、失敗例も見ておかないと、「何が失敗なのか」「どのような状態が失敗なのか」がわかりません。

では、試しにpingの引数として与えた「127.0.0.1」を他のものに変えてみましょう。「10.0.0.1」で試してみます（**図1-9**）。

TIPS

コマンド名の入力を間違えた場合については、1-2末尾のコラム「コマンドの入力間違いに注意」で解説しています。

TIPS

この数値だとなぜ失敗するかは、2章で詳しく学びます。

●図1-9　宛先にデータが届かず、失敗したときの例（Windows 11の場合）

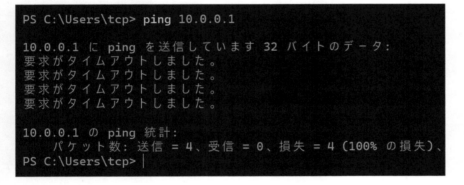

```
PS C:\Users\tcp> ping 10.0.0.1

10.0.0.1 に ping を送信しています 32 バイトのデータ:
要求がタイムアウトしました。
要求がタイムアウトしました。
要求がタイムアウトしました。
要求がタイムアウトしました。

10.0.0.1 の ping 統計:
    パケット数: 送信 = 4、受信 = 0、損失 = 4 (100% の損失)、
PS C:\Users\tcp>
```

図1-10のような画面表示になりましたか？　この図では、コンピューターがpingコマンドで宛先のサーバーに声をかけたものの、時間が経っても返事がなかったため、「時間切れになりました」とあなたに教えてくれています。

こうした時間切れを**タイムアウト**と呼びます。一部のOSでは「Request timed out.」などと表示される場合があります。

では、引数をさらに別のものに変えてみましょう、たとえば「0.0.0.0」にしてみるとどうなりましたか？　これは使っているコンピューターによって、結果が異なります。

```
PS C:\Users\tcp> ping 0.0.0.0

0.0.0.0 に ping を送信しています 32 バイトのデータ:
ping: 転送に失敗しました。一般エラーです。
ping: 転送に失敗しました。一般エラーです。
ping: 転送に失敗しました。一般エラーです。
ping: 転送に失敗しました。一般エラーです。

0.0.0.0 の ping 統計:
    パケット数: 送信 = 4、受信 = 0、損失 = 4 (100% の損失)、
PS C:\Users\tcp> |
```

Windows 11では、ハッキリと失敗と表示されます。あなたの要求は失敗に終わりました。これは、0.0.0.0という宛先が特殊な数値であることが理由です。つまりこの図では、正式な宛先でないものを指定したためにエラーが発生したと考えてください。

TIPS

一部のOSでは0.0.0.0に対するpingが成功するものもあります。

1-4-2 ▷ 他の宛先にも試してみる

引数のピリオド「.」で区切られた数字には、それぞれ0〜255の値を入れることができます。好きな数字を入れて試してみましょう。たとえば172.19.62.88とすると返事がなくてタイムアウトになると思います。

何度か試していると、返事を返してくる数字があると思います。その場合は数字を変えてください。

なお、ピリオドで区切った最初の数字が「10」「172」「192」だと、返事が返ってこない確率が高いので、失敗結果を見たい場合には、これらの数字を試してみると良いでしょう。この、ピリオドで区切った最初の数字のことを**第1オクテット**といいます。1オクテットとは8ビットのことです（**図1-11**）。

TIPS

宛先の数値の意味については、続く2章で詳しく解説します。

TIPS

8ビットがオクテットなら4ビットはカルテットと言いたくなりますが違います。4ビットはニブル（nibble）といいます。8ビットは1バイト（現在は一般に1オクテット）でbyteとつづります。そして、bite（発音はバイト、byteにつづりが似ています）が「噛みつく、かじる」を意味するところにかけて、nibbleは「ちびちびかじる」を意味します。洒落のような感じですね。
ビットはbitとつづります。意味は英和辞典で調べてみましょう。

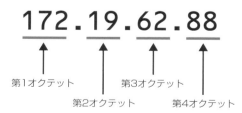

第1オクテット
第2オクテット
第3オクテット
第4オクテット

●図1-11　オクテット

TIPS

2番目以降もそれぞれ、第2オクテット、第3オクテット、第4オクテットと呼びます。

1-5 実際に試してみよう

では、ここで実際のサーバーに対してpingを送る実験をしてみましょう。また、引数に数字だけでなく、名前（文字列）を指定できることもここで学びます。

1-5-1 ▶ 引数に数字以外を与えてみる

みなさんが、あるホームページを見るとき、どのような手順を踏んでいますか？　今どきであれば、検索エンジンで検索して探すことが多いでしょうね。ホームページのURLを知っていれば、URLをブラウザーのアドレス欄に直接入力することもできます。

たとえば、筆者が借りているテスト用ホームページのURLはhttp://www.dtg.jp/です。この文字列の中の「www.dtg.jp」はホスト名と呼ばれ、数字の代わりにpingの引数として指定することが可能です。前に試した数値は、IPアドレスと呼ばれます。

では、pingコマンドにwww.dtg.jpという引数を与えて動かしてみましょう（図1-12）。

●図1-12　筆者のサーバー名を引数にpingを実行する

```
PS C:\Users\tcp> ping www.dtg.jp

dtg.jp [49.212.180.170]に ping を送信しています 32 バイトの
49.212.180.170 からの応答: バイト数 =32 時間 =11ms TTL=53
49.212.180.170 からの応答: バイト数 =32 時間 =10ms TTL=53
49.212.180.170 からの応答: バイト数 =32 時間 =11ms TTL=53
49.212.180.170 からの応答: バイト数 =32 時間 =10ms TTL=53

49.212.180.170 の ping 統計:
    パケット数: 送信 = 4、受信 = 4、損失 = 0 (0% の損失)、
ラウンド トリップの概算時間 (ミリ秒):
    最小 = 10ms、最大 = 11ms、平均 = 10ms
PS C:\Users\tcp> |
```

図1-12のような応答が返ってきましたか？　それならば成功です。

TIPS

ホームページはWebサイト、Webページとも呼ばれます。

TIPS

URLはUniformed Resource Locatorの略です。7-6でより詳細に解説しています。

TIPS

IPアドレスについては2章で詳しく解説します。

TIPS

本文中では49.212.180.170とありますが、皆さんが実行するときは違う数値かもしれません。成功パターンであればここでは気にする必要はありません。

TIPS

もし、ブラケットの [と] の中がピリオド「．」で区切られた四つの数字（図1-12の例では49.212.180.170)でなく、たとえば2403:3a00:201:1b:49:212:180:170のような長くてコロン「：」で区切られた数字やアルファベットの場合は2-5で学ぶIPv6が使える環境です。その部分以外がだいたい同じような成功パターンであれば特に問題ありません。図1-7にあるようにオプション一覧を見てIPv4の使用を強制すると図1-12の結果のようになりますので、試してみましょう。

TIPS

macOSやLinuxの場合は、1-3-3に記述したように、Control + C、Ctrl + Cで適当に止めましょう。

1-5-2 ▶ 実行結果を詳しく見てみる

今まで詳しく解説してきませんでしたが、**図1-12**の実行結果をもとに、表示されている内容について見ていきましょう。

まず、最初の行に書いてある内容では「dtg.jpに32バイトのデータでping送信しています」「dtg.jpのIPアドレスは49.212.180.170です」ということを示しています。

その次の行は、「49.212.180.170」という装置――つまり、www.dtg.jpというサーバーからの返事です。32バイトのデータで時間は11ミリ秒、TTLは53となっています。次以降の行も時間以外は同じです。

この数字は、ネットワークの状況によって変わります。皆さんが車に乗ってどこかに行くとき、交通状況によって到着時刻が少しずつ違うのと似ています。途中の経路が空いていれば到着までの時間は短くなり、混んでいれば長くかかります。ネットワークも同じなのです（**図1-13**）。

⚠ **TIPS**

TTLについては、3章で解説します。

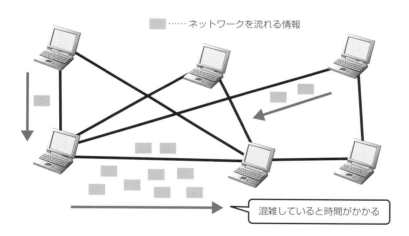

 …… ネットワークを流れる情報

混雑していると時間がかかる

●図1-13　データは混んだところを通過すると時間がかかる

最後の4行のひとかたまりですが、前半の2行は「49.212.180.170に対するpingを実行した結果、パケットを4個送り、返事が返ってきたのは4回でした。失われたパケットは0（0%）です」という意味の文章です。

⚠ **TIPS**

パケットについては、4章で詳しく解説します。

1-5-3 ▶ 2章の学習に向けて

pingの引数には、続く2章で学ぶ「IPアドレス」などの宛先が必要だと解説しました。2章でIPアドレスについて学んだら、pingの引数を変えて、他のサイトについても試してみましょう。そのとき、成功を期待するのか、失敗を期待するのか、予想をつけてから実行すると理解が早まります。

pingの宛先には、IPアドレスだけではなくホスト名を指定できます。URLとホスト名の関係については、**図1-14**のとおりです。URLのスラッシュ2つから次のスラッシュまでの間がホスト名だと考えてください。

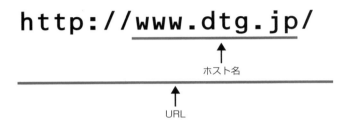

●**図1-14　URLを見てpingの宛先を見つける**

COLUMN ☕

スマートフォンでも体験

　本書ではWindows 11をメインターゲットに、macOSやLinuxをサブターゲットに解説を記述しています。これらのコンピューター以外に皆さんにもっと身近なネットワークツールがあります。……そう、スマートフォンです。その利用方法が社会問題になるほどに、情報を引き出す端末として日々活用している人が多いですね。情報を引き出せるということは、すなわちインターネットのどこかにある情報をネットワーク経由で取得しています。このネットワークを使うためにスマートフォンもTCP/IPを実装しています。

　スマートフォンに使われるAndroidはGoogleがLinuxをベースとして開発したOSです。アプリとしてインストールしていくつかのコマンドを手元でお手軽に体験できます。「ping icmp」あるいは「traceroute」など、アプリを用語で検索してみると良いでしょう。pingの場合はキーワードにプロトコル名のICMP（プロトコルは7章、ICMPは6章で学びます）もつけると、おおむね目指しているアプリだけに絞り込まれます。

　ここでは、これらのネットワークに関連するコマンドを体験できるアプリの内、1つだけ紹介します。tracerouteで検索するとPingTools Network Utilitiesというアプリがあるはずです。最初に体験したpingだけでなく、

TIPS

正確には、www.dtg.jpはドメイン名付きのホスト名です。ホスト部がwwwで、ドメイン名がdtg.jpです。FQDN(Fully Qualified Domain Name、エフキューディーエヌと読む人が多いです）で表現すると、www.dtg.jp.となります。FQDNは完全修飾ドメイン名ともいいます。

TIPS

URLからホスト名を抜き出し、pingの引数にすると返事をする・しないにかかわらず、相手のホストにデータが届きます。そうするとホストは何らかの処理をします。ホストのネットワークも使用します。pingは少しのデータですが、インターネットにはたくさんの装置がつながっていますから、一斉に一つのホストやネットワークにデータを送りつけると、そのホストやネットワークに対しての仕事の邪魔、すなわち攻撃とみなされることもあります。そうならないように自分が管理するホスト以外へのpingは加減してください。

TIPS

ある特定の装置に対して、たくさんの装置が一斉に攻撃を仕掛けることをDDoS攻撃(Distributed Denial of Service Attackの略、ディードスと読む人が多いです)といいます。攻撃元はパソコンのみならず、インターネットに接続されたカメラなど、悪用された装置全てが攻撃に参加する可能性があります。ネットワークを学ぶなら、セキュリティについても学ぶことをお勧めします。

traceroute（5章）、nslookup（7章）もできたり、無線LANのデファクトスタンダード（事実上の標準）であるWi-Fiのアクセスポイント（親機）の電波強度や混み具合をグラフで見ることができたりと機能は盛りだくさんです。仕事としてネットワークを扱うようになったら、広告が表示されない有料版を購入して使うのも良いでしょう。

　iPhone/iPadなどでもiNetToolsはじめいくつかのアプリがあり、同じようなことが可能です。試してみてください。

　他にも学んだ用語で検索してみると様々なアプリが見つけられます。それらを普段の生活の中で試すと、ネットワークが身近に感じられ親しみやすくなります。通勤・通学の合間に、パーティや学会の会場で、ラーメン屋や飲み屋の座敷など、いろんな場所でpingしたり、tracerouteしたりしてみるとネットワークの学習の助けになるはずです。

COLUMN ☕

ホームページのリダイレクト

　ブラウザーのアドレス欄に「http://book.gihyo.jp/」と入力して技術評論社のホームページにアクセスすると、画面上の表示が「https://gihyo.jp/book/」となってしまいます。これをリダイレクトと呼び、「このアドレスでアクセスしてきたら、こちらのアドレスに変換する」という作業をサーバーが行っています。

要点整理

- ✔ pingコマンドは、成功すると応答がある
- ✔ 一定時間応答がないと、タイムアウトで失敗する
- ✔ pingコマンドは、データの宛先を引数として指定する必要がある
- ✔ pingコマンドは、オプションを使って動作を変えることができる
- ✔ オプションに/?を指定すると、使い方を見ることができる
- ✔ オプションに-nで数を指定すると、データを送る回数を変えられる
- ✔ オプションに-lで数を指定すると、データの大きさを変えられる
- ✔ pingの引数には、URL中のホスト部を使うこともできる

TIPS

コマンドのオプションはWindows、mac OS、Linuxそれぞれ一部異なります。

問題1. pingコマンドについて、正しいか誤っているかを判定してください。

正・誤
- □　□　①pingの通信には、必ずしも引数を必要としない
- □　□　②pingの引数に127.0.0.1を指定すると、自分自身に向けて実行する
- □　□　③pingの結果には応答時間が含まれる

問題2. ping を実行したら、下の結果が得られました。結果を解釈して、正しい数字もしくは選択肢を記入または選択してください。

```
www.dtg.jp [219.94.163.65]に ping を送信しています 32 バイトのデータ:
219.94.163.65 からの応答: バイト数 =32 時間 =15ms TTL=52
219.94.163.65 からの応答: バイト数 =32 時間 =17ms TTL=52
219.94.163.65 からの応答: バイト数 =32 時間 =19ms TTL=52
219.94.163.65 からの応答: バイト数 =32 時間 =18ms TTL=52

219.94.163.65 の ping 統計:
    パケット数: 送信 = 4、受信 = 4、損失 = 0 (0% の損失)、
ラウンド トリップの概算時間 (ミリ秒):
    最小 = 15ms、最大 = 19ms、平均 = 17ms
```

ping を実行すると、引数の www.dtg.jp は[① (イ)四回　(ロ)32　(ハ)46　(ニ)応答　(ホ)219.94.163.65]に変換された。

得られた応答のデータの大きさは ⎡　②　⎤ バイトで、TTL は ⎡　③　⎤ である。

送信パケット数は ⎡　④　⎤ で、損失は ⎡　⑤　⎤ である。

送信の４回のうち成功は ⎡　⑥　⎤ 回、失敗は ⎡　⑦　⎤ で、最大ラウンドトリップタイムは ⎡　⑧　⎤ である。

IP アドレスって
何だろう

インターネットの通信相手を特定するための番号──それが IP アドレスです。現実世界における、住所や電話番号のようなものだと考えることができます。IP アドレスは、世界中でただ 1 つの値です。だからこそ、世界のどこからでも、ネットワークを通じて離れたコンピューター同士がお互いにデータをやりとりできるのです。

本章を読めば、IP アドレスの数字がどのような意味を持っているのかなど、IP アドレスの仕組みについて知ることができます。また、特別な役割を持った IP アドレスや、IP アドレスのバージョンについても学んでいきます。

2-1 本章で学ぶこと

本章ではIPアドレスについて学びます。アドレス、すなわち住所と書きますが、実際には番号であり、数値です。TCP/IPを学習するにあたって、IPアドレスの知識は必要不可欠なものです。

2-1-1 ▸ IPアドレスによる通信

コンピューター同士が通信する際には、「どのコンピューターに向けてデータを送り出すのか」を明確にする必要があります。**IPアドレス**は、**コンピューター**や、3章で学ぶ**ルーター**などに付ける一意の番号であり、その装置に向けてデータを送り出す際に指定します。別の都市や遠く地球の裏側のコンピューターと通信することができるのは、このIPアドレスのおかげです。

TIPS

一意というのは、他に同じ値がないこと、値が重複してないことを意味します。「考えが同じこと」や「1つの物事に専心すること」ではありません。注意してください。

TIPS

IPアドレスは値、すなわち数値ですから、例えば「ping 2130706433」とすれば、返事が返ってきます。
2130706433がなんであるかは……実験してみればわかります。

TIPS

表示例は数字ではなく文字を仮にあててます。

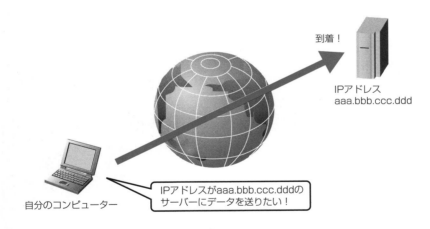

到着！

IPアドレス
aaa.bbb.ccc.ddd

IPアドレスがaaa.bbb.ccc.dddの
サーバーにデータを送りたい！

自分のコンピューター

●図2-1 IPアドレスによるインターネット通信

2-2 コンピューターの IPアドレスを知ろう

ここでは、WindowsのターミナルでIPアドレスを調べる方法を解説します。ipconfigコマンドで、コンピューターのIPアドレスを知る方法を学びましょう。

2-2-1 ▸ ipconfigコマンドを実行する

　お使いのコンピューターがインターネットにつながっているのであれば、必ずIPアドレスが付いています。まず、コンピューターに付けられたIPアドレスを見てみましょう。

　詳しい内容は必要なときに解説していきますので、ここでは設定されたIPアドレスを見つけられるようになることが目標です。コマンドプロンプトで「ipconfig」と入力し、Enterキーを押しましょう。

Step1 ▶ ターミナルを起動する

ターミナルを起動します。

Step2 ▶ ipconfigコマンドを実行する

「ipconfig」と入力し、Enterキーを押します。

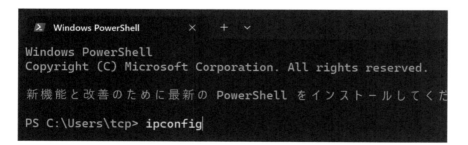

TIPS

ターミナルの起動手順は[スタート]ボタンを右クリック(または■キー+X)→[ターミナル]を左クリックします。Windows 11ではターミナルが標準ですが、本書の内容はWindows 10以降のコマンドプロンプト(■キー+R→「cmd」と入力して、[OK]をクリック)でも実行できます。

TIPS

macOSでは「ifconfig」を、Linuxでは「ip address show」を実行してください。Linuxはディストリビューションやそのバージョンによってコマンドが実行できないことがあります。その場合は各ディストリビューションでipコマンドのためのパッケージをインストールしてください。

画面に、コマンドの実行結果が表示されます。

```
Windows PowerShell
Copyright (C) Microsoft Corporation. All rights reserved.

新機能と改善のために最新の PowerShell をインストールしてください!https://aka

PS C:\Users\tcp> ipconfig

Windows IP 構成


イーサネット アダプター イーサネット:

   接続固有の DNS サフィックス . . . . . :
   リンクローカル IPv6 アドレス. . . . . : fe80::b4a2:328e:474:d682%6
   IPv4 アドレス . . . . . . . . . . . : 192.168.48.81
   サブネット マスク . . . . . . . . . : 255.255.255.0
   デフォルト ゲートウェイ . . . . . . : 192.168.48.1
PS C:\Users\tcp> |
```

2-2-2 ▶ 実行結果を確認する

ここでは、有線接続として「イーサネット アダプター イーサネット」と表示されている段落を見てみましょう（**図2-2**）。表示された中にはたくさんの段落がありますが、ここで使うのは1つか2つ程度です。

●図2-2　ipconfigコマンドの実行結果（抜粋）

```
PS C:\Users\tcp> ipconfig

Windows IP 構成


イーサネット アダプター イーサネット:

   接続固有の DNS サフィックス . . . . . :
   リンクローカル IPv6 アドレス. . . . . : fe80::b4a2:328e:474:d682%6
   IPv4 アドレス . . . . . . . . . . . : 192.168.48.81
   サブネット マスク . . . . . . . . . : 255.255.255.0
   デフォルト ゲートウェイ . . . . . . : 192.168.48.1
PS C:\Users\tcp>
```

見てほしいのは「IPv4 アドレス」の行です。これが、今使っているコンピューターに設定されたIPアドレスです。家庭でブロードバンドルーターを使っていると、**図2-2**のように「192.168」から始まっていることが多いでしょう。会社などの環境では、第1オクテットが「192」ではなく、「172」「10」あるいは「100」

TIPS

イーサネットアダプターと表記されている部分は有線接続のインターフェイスの情報の段落です。無線の場合はWireless LAN adapter（Windowsのバージョンによってはワイヤレスアダプターと表示されるものもあります）の段落を見てください。

TIPS

図2-2ではipconfigの結果のリンクローカル IPv6 アドレスの最後に「%6」とあります。これはスコープIDといい、そのパソコンのWindowsが認識しているネットワークアダプタの番号です。表示されているIPv6のリンクローカルアドレスがどのネットワークアダプタに紐づけられているかを示しており、図2-2ではスコープID6に紐づけられていることがわかります。Windowsターミナルやコマンドプロンプトでnetstat -rまたはroute print（3-3参照）を実行すると最初にインターフェイス一覧が表示され、二つ以上のネットワークアダプタがあってもスコープIDとMACアドレスの組み合わせで関係がわかります。PCによっては%の後ろは2だったり13だったり20だったりとそれぞれです。

TIPS

確認する場所は、macOSではen0やen1などの段落内のinetの右隣の数字です。多くの場合、en0のinetがIPv4アドレスです。

TIPS

確認する場所は、Linuxでは、eth0やeth1、enp0s3などの段落内のinetの右隣の数字です。多くの場合、eth0のinetがIPv4アドレスです。

TIPS

「192.168」「172」「10」「100」で始まるIPアドレスは、世界で1つだけのIPアドレスではありません。詳しくは本章で学習します。

からはじまる可能性もあります。

　中には、上記以外の数字で始まっているIPアドレスもあるでしょう。このとき表示されているIPアドレスは、おそらく世界で唯一のIPアドレスです。

　図2-2では、「192.168.48.81」というIPアドレスが設定されていることがわかります。

COLUMN ☕

APIPA

　もし、IPアドレスの第1オクテットが「169」のときには、APIPA（Automatic Private IP Addressing）という機能が自分自身で作り出したIPアドレスが設定されています。

　これは多くの場合、本章で学ぶ「IPアドレスの自動取得」に失敗したために、重複しないIPアドレスを自分で設定しているのです。このようなときは、インターネットにつながらない状態になっていることが多いでしょう。

COLUMN ☕

同一ネットワークとは

　同一ネットワークといわれると、どこまでのものを想像しますか？

　学校や会社、あるいは家庭の中というかたまりでひとつの同じネットワークと考えるでしょうか。間違いではありませんが、この用語の定義はゆらぎがあることに注意してください。ネットワークの話をしていて、この範囲について齟齬があることに気づかないと、話がかみ合わず、ネットワーク設定などでミスが発生するかもしれません。

　同一ネットワークの規模でもっとも範囲が小さいのは9-4で学ぶリピーターで延長される範囲のコリジョンドメインです。もう少し大きい範囲になると、ブロードキャストドメインで、ブリッジ、スイッチ、ルーターで分割されます。家庭内にルーターが二段あるときにはブロードキャストドメインは二つあるといえるでしょうが、○○家のネットワークとしては「一つ」と数えるかもしれません。このように一つのネットワークといったときには、範囲を意識しましょう。

2-3 IPアドレスの割り当てと自動取得

ここでは、IPアドレスが重複してはいけないということを学んでいきます。また、重複を避けるための自動取得の仕組みであるDHCPについても解説します。

2-3-1 ▶ IPアドレスの重複を避ける仕組み

IPアドレスは、コンピューターやルーターがデータを送るための宛先だと説明しました。では、同じ宛先が2つあったらどうでしょう？　特別な仕組みを使わない限り、コンピューターは2ヵ所の宛先に同時にデータを送ることができません。ネットワークにおける通信の仕組みは、IPアドレスが唯一無二の存在であることを前提にしているのです（**図2-3**）。

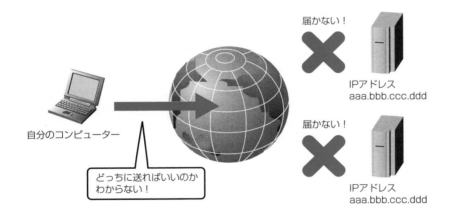

届かない！
IPアドレス
aaa.bbb.ccc.ddd

届かない！
IPアドレス
aaa.bbb.ccc.ddd

自分のコンピューター

どっちに送ればいいのか
わからない！

●図2-3　IPアドレスが重複するとどこへ送るべきかわからない

では、どのようにして「世界中で唯一」だと保証されているのでしょう。実は、インターネットの世界には取り決めがあるのです。

IPアドレスの数値は、（IPv4の場合）約43億通りのアドレスを表現できます。このアドレスに関してICANN（The Internet Corporation for Assigned Names and Numbers：アイキャン）という組織が使い道を決め、各地域や各国に「この範囲の数字を使ってください」と割り当てます。

そして、各国に割り当てられたIPアドレスの範囲内で、それぞれの地域や国を統括する組織がさらに他の組織（たとえば企業やプロバイダー、大学など）

TIPS

決めているというよりは、相互取り決めといったほうが正しいでしょう。

に割り当てていきます。日本でこの役割を担っているのは、**社団法人日本ネットワークインフォメーションセンター**（Japan Network Information Center：JPNIC）です。

さらにプロバイダーは、割り当てられたIPアドレスをユーザーに割り当てていきます。通常はIPアドレスを個々のユーザーごとに1つだけ割り当てられるでしょう（**図2-4**）。

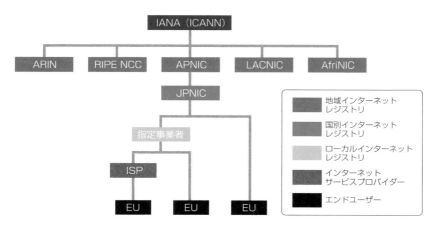

●図2-4　IPアドレスの割り当て（JPNICのWebサイトより）

2-3-2 ▶ IPアドレスの自動取得

IPアドレスが重複するとたいへん困ります。そこで、組織内のコンピューター一覧表を作り、「〇〇さんのコンピューターはこのIPアドレス」「□□さんはこのIPアドレス」などと管理する方法が考えられます。

ところが、世の中には管理する人がいないネットワークもあります。また、上記のような管理方法は手間がかかるうえ、人手による管理は間違いも起こりやすくなります。

そこで考えられたのが、IPアドレスを自動取得するための**DHCP**（Dynamic Host Configuration Protocol）という仕組みです（**図2-5**）。

TIPS

JPNICはジェイピーニックと呼ばれます。

TIPS

契約によっては、「この範囲のアドレスを使って良い」という割り当ての場合もあります。ただ、個人ユーザー向けの契約では一般的でないでしょう。

TIPS

ブロードバンドルーターを使っている環境では、プロバイダーから割り当てられたIPアドレスは、ルーター側に設定されている場合がほとんどです。お使いのコンピューターには、「192.168」などから始まる、世界で唯一ではないIPアドレスが設定されています。

2

IPアドレスって何だろう

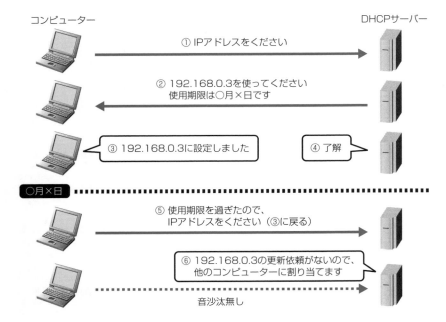

TIPS

使用期限の実際はたとえば604800という数値がサーバーから送られます。単位は秒なのでこの場合は7日後ですが、期限の取り扱いはクライアントの実装に依存していますので中には本文⑤のときに7日の半分を待たずにクライアント独自のタイミング、たとえば一日経つと再度申告をするものも見られます。

●図2-5　DHCPによるIPアドレスの自動取得

　DHCPの仕組みでは、DHCPサーバーと呼ばれるコンピューターが、IPアドレスの管理や配布を一元的に行います。基本的には①～⑥の繰り返しです。

①コンピューターが起動すると、ネットワークのどこかにいる DHCP サーバーに割り当てをクライアントとして依頼する
②依頼を受け取った DHCP サーバーは、初めての装置には使われていない IP アドレスを提案する、過去に実績があった装置にはなるべく前使っていた IP アドレスを提案する
③提案を受け取ったコンピューターは、「この IP アドレスを使います」と DHCP サーバーに申告する
④申告を受けた DHCP サーバーは、（問題なければ）許諾した旨を送る
⑤使用期限を過ぎる前（多くは使用期限までの半分の時間が過ぎた時）に、今使っている IP アドレスを元に、提案を受けた状態として③に戻る
⑥使用期限を過ぎても依頼がないと、DHCP サーバーはその IP アドレスが使われていないと判断する

　この手順の繰り返しで、IPアドレスを重複させることなく自動的に設定することが可能になります。

TIPS

サーバーは、他のコンピューターからのリクエスト（依頼）に応じて、サービス（何らかの仕事）を提供します。クライアントはサーバーから見れば仕事の依頼者です。
DHCPでは、サーバーはIPアドレスを管理（貸出管理）する役割、クライアントはIPアドレスの割り当てを受けるという役割を持ちます。

TIPS

RFC（204ページで解説）では、サーバーは同じ端末にはなるべく同じIPアドレスを提案するようにしましょうと記されています。そのため、それを守って同じネットワーク上で使用しているDHCPクライアントのIPアドレスは動的とはいっても、ほとんど変わることはありません。
ただし、様々な事情で、実際には接続するたびにIPアドレスを変える、非常に短いリース（IPアドレスの貸し出し）時間を設定することもあります。

2-4 IPアドレスの仕組みを知ろう

ここでは、IPアドレスの構造について、IPアドレスの数字が何を意味しているのか、どのような種類のIPアドレスがあるのかを学んでいきます。

2-4-1 ▶ IPアドレスの構造

IPアドレスは、**図2-6**のような構造をしています。

●図2-6　IPアドレスの構造

TIPS

IPアドレスの解説は特にことわりがないかぎりIPv4に関するものです。

それぞれのオクテットには、0 〜 255の数字が入ります。組み合わせは、0.0.0.0 〜 255.255.255.255の約43億通りあります（256 × 256 × 256 × 256通り）。

IPアドレスは、数字の範囲ごとに**クラス**という分類がなされています。クラスは、「クラスA」「クラスB」などというようにアルファベットで表記されます（**表2-1**）。

●表2-1　IPアドレスのおもなクラス分類

クラス名	範囲
クラスA	0.0.0.0〜127.255.255.255
クラスB	128.0.0.0〜191.255.255.255
クラスC	192.0.0.0〜223.255.255.255
クラスD	224.0.0.0〜239.255.255.255
クラスE	240.0.0.0〜255.255.255.255

TIPS

このうち、クラスDとクラスEは特殊な用途向けのIPアドレスなので、詳しくは取り上げません。

IPアドレスは、2つの情報を表しています。「どのネットワークに所属する」「どのホストか」ということです。**図2-6**を例に挙げると、このIPアドレスは、「192.168.8というネットワークに所属している」「81番のホスト」ということになります。このとき、「192.168.8」をIPアドレスの**ネットワーク部**、「81」をIPアドレスの**ホスト部**と呼んでいます。

では、どこまでがネットワーク部で、どこまでがホスト部なのでしょうか。それを見分けるための仕組みが、**ネットマスク**です。

2-4-2 ▶ ネットマスクとは

IPアドレスから、その装置がどのネットワークに所属しているのかという情報を読み取ることができます。それを見分けるのがネットマスク機能です。

ネットマスクを考えるうえでは、IPアドレスの表記を2進数で考えてみる必要があります。**図2-7**は、同じIPアドレスを10進数と2進数で表記した例です。

10進表記 **172.19.62.88**

各オクテットを2進数で表記する

2進表記 **10101100.00010011.00111110.01011000**

●**図2-7　IPアドレスの10進表記と2進表記**

IPアドレスが、ネットワーク部とホスト部で構成されているという説明はすでに行いました。実は2進数で表記すれば単純な話で、「先頭からここまでがネットワーク部」「ここからがホスト部」と区切られています。そして、その区切りがどこなのか、を表しているのがネットマスクだと考えてください。

ネットマスクは、IPアドレスとよく似た表記で「255.255.255.0」などのように表現されます。

　では、IPアドレスが「192.168.8.81」、ネットマスクが「255.255.255.0」の場合に、両方を2進数で表記して並べてみましょう（**図2-8**）。このとき、ネットマスクが1の範囲（10進数で255）がネットワーク部、0の範囲（10進表記で0がホスト部を表すことになります。

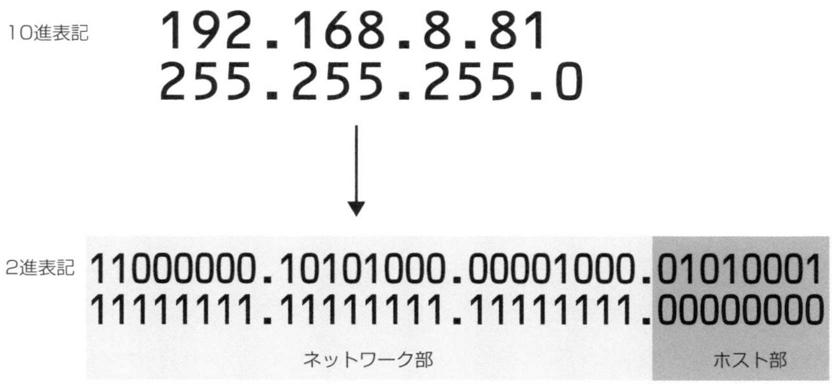

10進表記
192.168.8.81
255.255.255.0

2進表記
11000000.10101000.00001000.01010001
11111111.11111111.11111111.00000000
　　　　　　　ネットワーク部　　　　　　　　　ホスト部

●**図2-8　IPアドレスとネットマスクの2進表記**

　先ほどクラス分類の説明をしましたが、クラスによって異なるのは、このネットマスクに何を使うかという点です（**表2-2**）。クラスが決まれば、標準的に使われるネットマスクが自ずと決まります。

●**表2-2　クラスの分類と、標準のネットマスク**

クラス名	ネットマスク
クラスA	255.0.0.0
クラスB	255.255.0.0
クラスC	255.255.255.0

　図2-8の例なら、192.168.8.81というアドレスはクラスCに分類されるので、ネットマスクは255.255.255.0に決まります。これにより、「192.168.8」がネットワーク部、「81」がホスト部だとわかるのです。
　クラスCの場合は、1つのネットワークに「0 〜 255」の約250台の装置を収容することができます。これがクラスAであれば、1つのネットワークに「0.0.0 〜 255.255.255」の約1600万台の装置を収容することができます。

TIPS

「0〜255」が256台ぴったりでないのは理由があります。特別な用途に使われるIPアドレスが必要で、0〜255の数字がすべて使えるわけではないからです。

2-4-3 ▶ グローバルアドレスとプライベートアドレス

IPアドレスはおよそ43億通りの表現ができます。とはいえ、それらの組み合わせすべてが同じ意味を持っているわけではありません。

たとえば電話番号では、「110」「119」「104」など先頭に1がつくものは特別な意味を持つ番号ですし、あるいは会社・学校内などで使われる内線番号のような特殊な番号もあります。IPアドレスも同様です。

本章では、すでにクラスという分類について解説しました。ここでは、IPアドレスの分類の中でもとくに重要な、「グローバルアドレス」「プライベートアドレス」について学んでいきましょう。

TIPS

こういった特殊な番号があるので、IPアドレスの約43億通りすべてが使えるわけではありません。

● グローバルアドレスとは

グローバルアドレスは、インターネットの世界でただ1つのIPアドレスです。たとえるなら電話番号のようなものでしょう。携帯電話であっても固定電話であっても、その電話番号は、電話の世界においてただ1つの番号です。

世界でただ1つだからこそ、外部からそのIPアドレスに対して間違えずに通信できます。グローバルアドレスは、インターネットの世界でさまざまなサービスを提供する場合などにおいて、必須の番号なのです。

次に説明するプライベートアドレスとして割り当てられている範囲以外は、基本的にグローバルアドレスだと考えることができます。

TIPS

グローバルアドレスというのは俗語であって正式な用語ではありません。

すべてのIPアドレスから特殊なアドレス（プライベートアドレス（後述）、APIPA（2-2-2参照）、ISP Shared Address など）を除いた世界的（グローバル）に到達できるIPアドレスを慣用としてグローバルアドレスやグローバルIPアドレスと呼んでいます。

IPアドレスの管理はICANN（2-3-1参照）が管理していて、日本の場合はICANN→APNIC→JPNIC→指定事業者→ISP→一般ユーザへと割り振り/割り当てられています（2-3-1参照）。

IPアドレス
aaa.bbb.ccc.ddd

グローバルIPアドレスは唯一なので、世界中のどこからでも確実に届く

自分のコンピューター
www.xxx.yyy.zzz

●図2-9　グローバルアドレスは唯一のIPアドレス

● プライベートアドレス

一方の**プライベートアドレス**は、私的なネットワークで使うためのIPアドレスです。私的なネットワークですから、JPNICに登録する必要も、JPNICから割り当てられる必要もありません。電話番号でいえば、内線番号のようなものです。

割り当てる必要がない代わりに、「ここからここまでの範囲は、プライベートアドレスです」というルールが存在します。

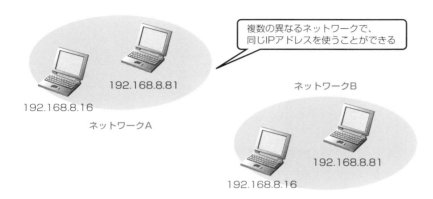

複数の異なるネットワークで、同じIPアドレスを使うことができる

192.168.8.81

192.168.8.16

ネットワークA

ネットワークB

192.168.8.81

192.168.8.16

●図2-10　プライベートアドレスは、自由に利用できる

プライベートアドレスとして使える範囲は、クラスごとに決まっています（**表2-3**）。私たちがよく目にするクラスCのプライベートアドレスは、第1オクテットと第2オクテットが「192.168」というアドレスです。

●表2-3　クラスごとのプライベートアドレス

クラス名	プライベートアドレスの範囲
クラスA	10.0.0.0～10.255.255.255
クラスB	172.16.0.0～172.31.255.255
クラスC	192.168.0.0～192.168.255.255

プライベートアドレスは、外部からアクセスされないことが前提のものです。そのため、業務や家庭用ブロードバンドルーターで作られた、閉じたネットワークで積極的に使われています。家庭用のブロードバンドルーターでは、標準的にこのクラスCのプライベートアドレスが設定されているものがほとんどです。

そのため、たとえば192.168.0.2というIPアドレスが設定されたコンピューターは、世界中にたくさん存在する可能性があります。

TIPS

家庭用のブロードバンドルーターのプライベートアドレスは、メーカーや出荷時期によって、第3オクテットが少しずつ異なるようです。

2-4-4 ▶ NATとNAPT

　ここで、多くの方は疑問に感じるのではないでしょうか。「プライベートアドレスを使っているのに、インターネットが使えるのはなぜだろう」と。

　実は、プライベートアドレスから発信されたデータは、インターネット上でデータを中継するルーター（3章で学びます）で破棄されます。そのため、中から外にデータを送ることはできません。同じく、宛先がプライベートアドレスのデータも、破棄されてしまいます。

　では、プライベートネットワークからインターネットを利用するにはどうしたら良いのでしょうか。そこで、NAT（Network Address Translation）やNAPT（Network Address Port Translation）と呼ばれる仕組みの登場です。

● NAT

　NATの原理を電話を例に説明しましょう。**図2-11**のように、電話が100台ある会社を考えてみましょう。普通は、1日中100台の電話すべてが使われていることは少ないはずです。

TIPS

100.64.0.0/10というプロバイダーがNATまたはNAPTで使う専用のアドレス帯（アドレスの区間）があります。「/10」の意味は2-4-6で学びます

TIPS

NATやNAPTの変換を固定設定することで、インターネットからアクセスできるようにすることも可能です。
専門用語でポートフォワーディング(port forwarding)やポートマッピング (port mapping)といいますが、日本では「ポート開放」という言い方が広く見られます。

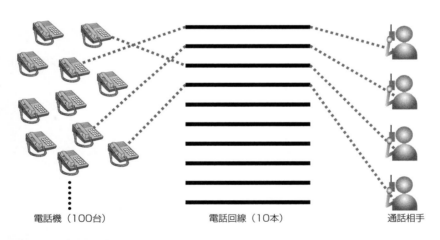

電話機（100台）　　　　　　電話回線（10本）　　　　　　通話相手

●**図2-11　限られた電話回線を有効に使う方法**

　仮に、平均して常時10台以下の電話が使われているとしましょう。それならば10台分の電話回線を確保し、先着順に回線を使うようにします。こうすれば十分な数の回線を確保しつつ、回線数を節約することができます。

　同じように、グローバルIPアドレスをいくつか用意しておき、先着順にプライベートアドレスをグローバルアドレスに変換して、インターネットへのアクセスを可能にするための仕組みがNATです。直訳すれば「ネットワーク

アドレス変換」です。変換によって結果的にプライベートアドレスであっても
インターネットアクセスが可能になります。

●NAPT

　プライベートアドレスを使ってインターネットを利用するための技術とし
て、さらに進んだNAPTがあります。

TIPS

NAPTは、LinuxではIPマス
カレードという名前で実装され
ています。

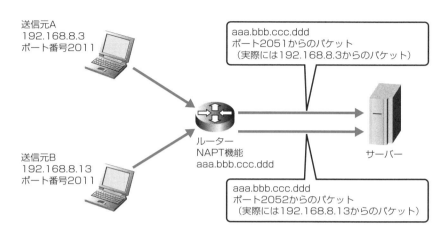

送信元A
192.168.8.3
ポート番号2011

aaa.bbb.ccc.ddd
ポート2051からのパケット
　（実際には192.168.8.3からのパケット）

ルーター
NAPT機能
aaa.bbb.ccc.ddd

サーバー

送信元B
192.168.8.13
ポート番号2011

aaa.bbb.ccc.ddd
ポート2052からのパケット
　（実際には192.168.8.13からのパケット）

●**図2-12　NAPTはIPアドレスとポートを変換する**

　NATは、グローバルアドレスを複数使うことが前提となっています。とこ
ろが、一般的なプロバイダーから1つの契約で割り当てられるIPアドレスは1
つです。家庭で複数のパソコンを使っている場合に、先着1名だけがインター
ネットにアクセスできるという状態では不便でしょう。

　そこで、IPアドレスに加えて、本書の5章で学ぶ**ポート**という番号を使って
個々のコンピューターを識別する方法がNAPTです。

　図2-12を見ると、Aのコンピューターは発信ポート2051番で、Bのコンピュ
ーターは発信ポート2052番でホームページを見に行っています。この結果、複
数のコンピューターが同時にインターネットを利用できるようになります。

　ホームページを設置しているサーバーは、NAPTを使っているブロードバ
ンドルーターのグローバルアドレスを知ることはできます。ですが、それが実
際にはプライベートアドレスからのアクセスであるかどうかを知ることはで
きません。

TIPS

ポートについては5章で学びま
す。

TIPS

ブロードバンドルーターの多く
はNAT機能を持っていると記
述されていますが、実際に実
装されているのはNAPTであ
ることが多く、混乱しがちです。

2-4-5 > 特殊なIPアドレス

他にも特別なIPアドレスが存在します。ここで学んでいきましょう。

IPアドレスには、ネットワーク全体を表すアドレスが用意されています。**図2-13**のように、ホスト部がすべて2進数の0で表されるアドレスです。**ネットワークアドレス**とも呼ばれます。

TIPS

ネットワークアドレスは、住所でいうと○○町1丁目全体とか、マンション全体とか、範囲指定でマンションの3階全体などのように、ある範囲そのものを示します。

IPアドレス **192.168.8.0**　ネットマスク **255.255.255.0**

2進表記 **11000000.10101000.00001000.00000000**
11111111.11111111.11111111.00000000

ネットワーク部　　　　　　　　　　ホスト部

すべて0

●**図2-13　ネットワークアドレス**

さらに、192.168.8.0というネットワークに所属する「すべての装置」を表すIPアドレスもあります。これは、**図2-14**のようにホスト部がすべて2進数の1で表されるアドレスです（10進数では255）。**ブロードキャストアドレス**とも呼ばれます。

TIPS

ブロードキャストアドレスは、住所でいうと○○町1丁目にある家の全戸が該当します。ですから、マンション全戸とか、範囲指定でマンションの3階の全ての家などのように、ある範囲にある個別の全てを示します。

IPアドレス **192.168.8.255**　ネットマスク **255.255.255.0**

2進表記 **11000000.10101000.00001000.11111111**
11111111.11111111.11111111.00000000

ネットワーク部　　　　　　　　　　ホスト部

すべて1

●**図2-14　ブロードキャストアドレス**

ここまでに出てきた、特殊なIPアドレスについて**表2-4**にまとめます。

●表2-4 特殊な用途に使われるIPアドレス（一部）

アドレス	概要
ホスト部が2進数ですべて0	ネットワーク全体を指すネットワークアドレス
ホスト部が2進数ですべて1	ネットワークアドレス上のすべての機器を指すブロードキャストアドレス
127.0.0.1〜127.255.255.254	自分自身を指すローカルループバックアドレス（127.0.0.1がよく使われる）
10.0.0.0〜10.255.255.255	クラスAのプライベートアドレス
172.16.0.0〜172.31.255.255	クラスBのプライベートアドレス
192.168.0.0〜192.168.255.255	クラスCのプライベートアドレス

TIPS

特殊なIPアドレスは、これだけではありません。それらのアドレスは、RFC 3330という文書にまとめられています。RFCについては204ページ参照。

TIPS

表2-4になくて比較的よく見るIPアドレスはプロバイダなどによっては100.64.0.0/10が割り当てられていることがあります。これらはShared Address（シェアードアドレス RFC6598）と呼ばれるISP（プロバイダ）のためのNAT/NAPTに使われるアドレス帯です。プライベートアドレスではありませんが、プロバイダは同様の使い方をして良いことになっています。

TIPS

表2-4には1-2-2で実験した自分自身である127.0.0.1が含まれています。実際にはただ一つだけでなくほかの数値でも自分自身ですからpingの引数に違う値を指定して試してみましょう。

2-4-6 ▶ 便利なCIDR表記

クラスA〜クラスCでは、ちょうどピリオド「.」のところ——すなわちオクテット単位でネットマスクを区切ってきました。しかし、オクテット単位でのネットマスクでは区切り方が大雑把過ぎて、不便な点も増えてきました。

たとえば、クラスBでは約6万5000台分のIPアドレスを使うことができます。クラスCは256台分です。では、ネットワークの中に1500台分のIPアドレスが必要になったとき、どうしたら良いでしょう。

クラスCでは収容できません。ですが、クラスBを使うと約6万3500台分のIPアドレスが無駄になります。

そこで、クラスという考え方を廃止し、「上位から何ビット分をネットワークアドレスにする」という方法が考え出されました。現在は、CIDR（Classless Inter-Domain Routing：サイダー）という表記方式が一般的です（**図2-15**）。

TIPS

現在では、CIDR表記に対応する装置も一般的になりました。

10進表記 **172.16.0.25/16**

先頭から16ビット分がネットワーク部 ┘

2進表記 **10101100.00010000.00000000.00011001**

ネットワーク部　　　　　　　　　ホスト部

●図2-15 CIDR表記の例

図2-15を例にすると、「/16」の16は上位から16ビット分がネットワークアドレスであることを指し、これはネットマスクが255.255.0.0と同等です。つまり、「ネットワークアドレス172.16.0.0、ネットマスク255.255.0.0のネットワークに所属」と書くのではなく、「172.16.0.0/16のネットワークに所属」という表現が可能になるわけです。

先ほど問題になった、1500台のIPアドレスを1つのネットワークに収容したい場合は、上位21ビット分をネットワークアドレスにします。こうすると、ホスト部のアドレスは11ビット分になり、2048台分が収容可能なネットワークになるのです（**図2-16**）。

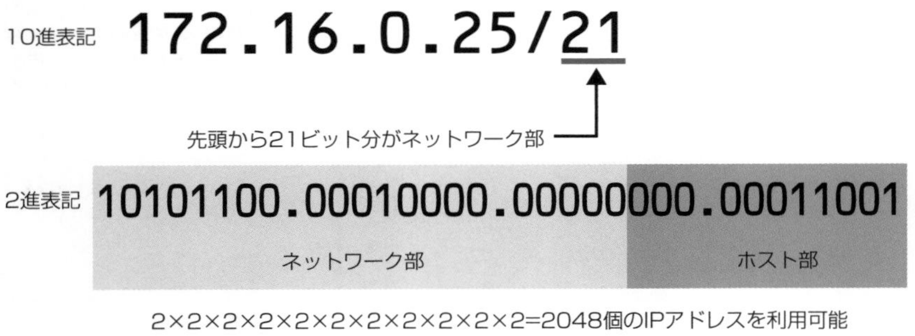

10進表記
172.16.0.25/21
先頭から21ビット分がネットワーク部
2進表記
10101100.00010000.00000000.00011001
ネットワーク部
ホスト部
2×2×2×2×2×2×2×2×2×2×2=2048個のIPアドレスを利用可能

●図2-16　2048台分のIPアドレスを収容可能なネットワークのCIDR表記

TIPS
ここでの例は172.16.0.0/21に属していることがわかります。また、通常ホスト部は0で表現したネットワークアドレスで書くことが多いです。/21のネットマスクを従来型の表記にすると255.255.248.0となります。

2-5 IPにはバージョンがある

IPにはバージョンがあります。本書で学ぶのはIPv4と呼ばれるバージョンです。ここでは、現在一般的なIPv4と、次世代のプロトコルとして広がりつつあるIPv6について学んでいきます。

2-5-1 ▷ IPv4とは

ここまで学んできたIPアドレスを使う仕組みを**IPv4**といいます。v4は「バージョン4」のことです。TCP/IPの基本機能として、2017年時点での主流の仕組みです。IPv4の基本的な機能は、データを分割することと、データの通る道筋を決めることです。

IPv4では、アドレスの第1オクテットから第4オクテットまでで許される値は0～255です。このアドレスで表現できる組み合わせは、およそ43億通り（正確には2の32乗通り）です（**図2-17**）。

TIPS

IPv4はInternet Protocol version 4、IPv6はInternet Protocol version 6の略称です。

10進表記 **192.168.49.3**

2進表記 **11000000.10101000.00110001.00000011**

- ●IPv4のアドレスは4オクテット＝32ビット分
- ●それぞれのオクテットは、0～255の256通りの組み合わせがある
- ●2の32乗＝4,294,967,296通りのIPアドレスを表現できる

●**図2-17　IPv4アドレスの例**

インターネットの基本的な仕組みが整い、ネットワーク同士をつなぎ始めた1980年代の前半頃には、43億個ものIPアドレスは途方もない数だと思われていました。

ところが、現在は多くの人がネットワークつながる装置を持っています。日本の携帯電話だけでも契約数は国民総数を超えて久しく、世界人口は2022年に80億人を超え、大きく増えました。IANAの管理するIPv4アドレスは2011年2月3日に枯渇し、日本の所属する地域でも2011年4月15日に未割当のIPアドレスがほとんどなくなりました。この割り当て終了することを「IPv4の

TIPS

当時の世界人口はおよそ44億人でした。

アドレス枯渇問題」と呼び、インターネットプロバイダーでは、LSN(Large Scale NAT)あるいはCGN(Carrier Grade NAT)とよぶ、大規模なNATあるいはNAPT(2-4-4参照)を展開するなどして対策しています。

実際には2023年になっても、インターネットの仕組みは止まってもいませんし、依然として拡大を継続しています。ただ、NAT/NAPTには欠点もあり、全ての機器をNAT/NAPT配下に収めることはできません。そうすると必然的に新しいIPアドレスを割り当てられないため困ったことが起こってきます。

そこで、問題を解決するために登場したのが**IPv6**です。

2-5-2 ▷ 新世代プロトコルIPv6とは

IPv4の次のバージョンがIPv6です。

IPv6の最大のメリットは、IPアドレスがたくさん使えることです。IPv4の約43億通りと比較すると、さらに43億倍の43億倍の43億倍の組み合わせ（正確には2の128乗通り）が使えます。

もちろん、「2-4-5 特殊なIPアドレス」で学んだ特殊なアドレスを用意する必要があるため、これらのすべてを使うわけにはいきません。ですが、IPv4と比べて、とてもたくさんの数であることは間違いありません。

通常IPv6アドレスの表記は、16進数とコロン「:」が使われています。4つの10進数を3つのピリオドで区切ったIPv4アドレスとは、見た目もずいぶんと違うことがわかるでしょう（**図2-18**、**図2-19**）。

fe80::b4a2:328e:474:d682

●図2-18　IPv6アドレスの例

標準的な記述方法	fe80::b4a2:328e:474:d682
省略しない記述方法	fe80:0000:0000:0000:b4a2:328e:0474:d682
2進表記	1111111010000000:0000000000000000: 0000000000000000:0000000000000000: 1011010010100010:0011001010001110: 0000010001110100:1101011010000010

> ●それぞれのコロンの間は、0〜FFFFで65536通りの組み合わせがある
> ●2^{128}＝約43億×約43億×約43億×約43億のIPアドレスを表現できる

●図2-19　IPv6アドレスの複数の表記例

TIPS

IANA（Internet Assigned Numbers Authority、アイアナ）はICANN（2-3-1で解説しています）の下部組織で、各地域IPアドレス管理組織（RIR:Regional Internet Registry）へIPアドレスの割り振りをしています。詳細は省きますが、RIRは全部で五つあり、ARINは北アメリカ、APNICはアジアと太平洋地域、RIPE NCCはヨーロッパと中東と中央アジア、LACNICはラテンアメリカとカリブ海地域、AfriNICはアフリカを担当しています。

TIPS

IPv4は「.」ピリオドで区切って、それぞれの間が8ビットであることから、オクテット（octet）と呼んでいます。IPv6の場合の「:」の間についての統一的な呼び方は2023年現在決まっていないようです。IPv6を扱うRFC（204ページ参照）では、フィールド（field）と記述されていることが多いようです。

hextet（ヘクステットあるいはヘクテット）やquibble（クィブルあるいはキブル）が見られたものの、採用されませんでしたし、中にはhexadecimal quartetと直訳するなら16進数の四人組というような身もふたもないような呼び方もあります。

IPv6の使用がもっと一般化し、文書や人々の口で話されるようくらい慣用されると簡単で覚えやすい単語に収れんして事実上の標準となると期待されます。もし、頻繁に使うようなら古くてもhextetかfieldあたりを使っておけば無難ではないでしょうか。quibbleはその単語の意味を考えると場合によってはやや不穏当な場合がありそうです。

TIPS

実はIPv6情報はすでに表示されています。2-2-1のipconfig（ifconfig、ip）実行時にIPv6アドレス（inet6）として、表示されています。

TIPS

省略しない記述方法を見てわかるようにアドレス表記が長くなるので普通は標準的な方法である途中に0（ゼロ）が一番長く続くところを省略します。

他にも、IPv4でほとんど使われていなかった機能の廃止や、新たに必要になった機能が追加されています。簡単なところでは、自動でIPアドレスが作成され、ルーター（3章で学びます）も自動で探せるようになりました。

- アドレス空間が大きくなった
- アドレスとルーティングが階層的になり、効率が良くなった
- IPsecを標準サポートし、セキュリティが向上した
- サービスの品質（QoS）を保つ仕組みが向上した
- ネットワーク的に近い装置を探すことが可能になった
- ヘッダーの拡張性が格段に増した

本書ではまだまだ一般的なIPv4での表現で解説します。そうはいっても、Windows 11でIPv6が使えるのですから、2-2-2で表示されているアドレスは有効で、当然「ping fe80::b4a2:328e:474:d682」を実行すれば返事が返ってきます。手元の端末で実験する場合には、アドレスを間違えずに入力できるようにコピー&ペーストが便利でしょう。

```
PS C:\Users\tcp> ipconfig

Windows IP 構成


イーサネット アダプター イーサネット:

   接続固有の DNS サフィックス . . . . .:
   リンクローカル IPv6 アドレス. . . . .: fe80::b4a2:328e:474:d682%6
   IPv4 アドレス . . . . . . . . . . . .: 192.168.48.81
   サブネット マスク . . . . . . . . . .: 255.255.255.0
   デフォルト ゲートウェイ . . . . . . .: 192.168.48.1
PS C:\Users\tcp> ping fe80::b4a2:328e:474:d682

fe80::b4a2:328e:474:d682 に ping を送信しています 32 バイトのデータ:
fe80::b4a2:328e:474:d682 からの応答: 時間 <1ms
fe80::b4a2:328e:474:d682 からの応答: 時間 <1ms
fe80::b4a2:328e:474:d682 からの応答: 時間 <1ms
fe80::b4a2:328e:474:d682 からの応答: 時間 <1ms

fe80::b4a2:328e:474:d682 の ping 統計:
    パケット数: 送信 = 4、受信 = 4、損失 = 0 (0% の損失)、
ラウンド トリップ の概算時間 (ミリ秒):
    最小 = 0ms、最大 = 0ms、平均 = 0ms
PS C:\Users\tcp>
```

●図2-20　pingの実行結果（IPv6）

TIPS

IPv6は、Windows XP SP1から標準的に使えるようになっています。

TIPS

Windowsでは IPv6 であっても ping で問題ありませんが、macOSやLinux では ping6 というコマンドを利用します。また、グローバルアドレスでない場合インターフェース名をつけないといけないので、エラーがでたら、アドレスの後ろにスペースなしで「%enp0s3」や「%eth0」のようにインターフェース名をつけましょう。

TIPS

IPv6での127.0.0.1相当は「::1」です。よって、実感はわかないかもしれませんが、「ping ::1」が最も簡単にIPv6体験する方法でしょう。macOSやLinuxでは「ping6 ::1」となります。

TIPS

日本以外の国（たとえばベルギー）では、2017年時点で、すでに流れるデータ（トラフィック）の半分以上がIPv6になっているところもあります。

TIPS

トラフィック（traffic）は、電気通信事業法施行規則などではトラヒックと記述されているため、トラヒックと表記、発音する人や企業（電話系の会社などその傾向が強い）も多いです。

IPv6であっても1-5-1で実験したようにサーバー名を引数にpingを実行することができます。ご自宅でIPv6がそのまま使えるところはまだ少なく筆者も同様です。そこで例として筆者が借りているレンタルサーバー（FreeBSDというOSで動作。Linuxではありませんが同じようなコマンドとオプションが使えます）からpingを実施した例を図2-21に掲げます。FacebookのサーバーのIPアドレスをよく見ると途中にface:b00cという文字列が見つかります。少し苦しいですがフェイスブックと読めるところにシャレっ気が感じられます。

●図2-21　インターネット上のサーバーへのping6（LinuxやFreeBSDのIPv6用pingコマンド）の実行結果

```
Last login: Wed Apr 26 18:11:07 2023 from xx000000.dynamic.ppp.asahi-net.or.jp
FreeBSD 13.0-RELEASE-p12 (GENERIC) #0: Tue Sep 12 19:33:31 UTC 2023

Welcome to FreeBSD!

% ping6 -c 2 www.dtg.jp
PING6(56=40+8+8 bytes) 2403:3a00:101:e:219:94:163:65 --> 2403:3a00:201:1b:49:212:180:170
16 bytes from 2403:3a00:201:1b:49:212:180:170, icmp_seq=0 hlim=63 time=0.190 ms
16 bytes from 2403:3a00:201:1b:49:212:180:170, icmp_seq=1 hlim=63 time=0.190 ms

--- dtg.jp ping6 statistics ---
2 packets transmitted, 2 packets received, 0.0% packet loss
round-trip min/avg/max/std-dev = 0.190/0.190/0.190/0.000 ms
% ping6 -c 2 www.google.co.jp
PING6(56=40+8+8 bytes) 2403:3a00:101:e:219:94:163:65 --> 2404:6800:400a:805::2003
16 bytes from 2404:6800:400a:805::2003, icmp_seq=0 hlim=118 time=0.448 ms
16 bytes from 2404:6800:400a:805::2003, icmp_seq=1 hlim=118 time=0.488 ms

--- www.google.co.jp ping6 statistics ---
2 packets transmitted, 2 packets received, 0.0% packet loss
round-trip min/avg/max/std-dev = 0.448/0.468/0.488/0.020 ms
% ping6 -c 2 www.facebook.com
PING6(56=40+8+8 bytes) 2403:3a00:101:e:219:94:163:65 --> 2a03:2880:f14e:82:face:b00c:0:25de
16 bytes from 2a03:2880:f14e:82:face:b00c:0:25de, icmp_seq=0 hlim=54 time=0.500 ms
16 bytes from 2a03:2880:f14e:82:face:b00c:0:25de, icmp_seq=1 hlim=54 time=0.494 ms

--- star-mini.c10r.facebook.com ping6 statistics ---
2 packets transmitted, 2 packets received, 0.0% packet loss
round-trip min/avg/max/std-dev = 0.494/0.497/0.500/0.003 ms
%
```

TIPS

図2-21の例でping6はIPv6専用のpingコマンドでLinuxやmacOSで使用します。もしLinuxなどで同じようにpingコマンドで実行する場合は-6のオプションでIPv6を強制します。またオプションはLinuxなどと同じように-cが回数を指定するもので、Windowsの場合は-nです。Windowsの場合はpingでIPv6が優先されますので使える場合はそのままIPv6で表示されます。もしWindowsでIPv4の結果をみたい場合は-4のオプションを使いましょう。

✔ IPアドレスは重複してはいけない

✔ DHCPは、IPアドレスを自動配布する仕組みである

✔ IPアドレスにはグローバルアドレスとプライベートアドレスがある

✔ プライベートアドレスでインターネットにアクセスする仕組みとして
NATとNAPTがある

✔ IPv4のIPアドレスの新規割当は終了したため、IPv6に移行しつつ
ある

✔ 特殊なIPアドレスが存在する

✔ ネットワークの規模を表す方法には、クラスやCIDRがある

問題1. IPアドレスについて、正しいか誤っているか判定してください。

正・誤

□ □ ①IPアドレスは数である

□ □ ②IPアドレスはすべて自分の手で設定しなくてはならない

□ □ ③数値の2130706433は、IPアドレスにすると127.0.0.1である

問題2. IPアドレスについて、 内に適切な文字や数字を入れてください。

a. クラスCのプライベートIPアドレスの第1オクテットと第2オクテット

→ ① . ② .xxx.xxx

b. クラスCのプライベートIPアドレスのネットマスク

→ 255.255. ③ . ④

c. 16ビットのネットマスク

→ 11111111. ⑤ . ⑥ .00000000

問題3. IPアドレスについて述べた下の文について、正しい文字や数字を記入または選択してください。

現在主流のIPアドレスの数字の組み合わせは、 ① 個の10進数を ② 個のピリオドで区切る。

現在主流のIPアドレスのバージョンは ③ で、次世代のIPアドレスを使う仕組みは[④ （イ）IPX （ロ）IPv4 （ハ）IPv6 （ニ）IPv8]である。

次世代のIPアドレスは、2の[⑤ （イ）32 （ロ）64 （ハ）128 （ニ）256]乗通りの組み合わせがある。

3

ルーティングは
TCP/IP通信の要

TCP/IPネットワークでは、データはバケツリレーのように次から次へと受け渡されながら、送信元から宛先へと送られていきます。こう聞くと単純なように思えますが、実際のネットワークの通り道は網の目のように張り巡らされています。ある宛先に至る経路は、1つではありません。

ネットワークに流されたデータは、適切な経路を通って宛先まで届く……では、適切な経路はどのようにして選ぶのでしょうか。こうした、経路の選択を支える技術がルーティングです。ルーティングは、TCP/IPネットワークの要ともいえる技術であり、バケツリレーのようなインターネットの基盤技術の1つなのです。

3-1 本章で学ぶこと

遠く離れたサーバーまでデータを送り届けるために、ルーティングは必須の技術です。ここでは、TCP/IP通信を支える要の技術の１つであるルーティングについて学びます。

3-1-1 ▶ ルーティング

インターネットの経路は網の目のように張り巡らされています。手元のコンピューターから宛先のサーバーまで、通り道は１本道ではありません。

宛先に到達するための道筋を**経路**といい、経路を探すためのしくみを**ルーティング**と呼びます。インターネットが現在のような発展を見たのは、TCP/IPによるルーティングができたため、ネットワークを跨いだ通信が可能だったからだと解釈しても間違いではないでしょう。ルーティングは、TCP/IP通信が他の通信方式と比べて優れていた点であり、インターネットの基礎技術の1つともいえます。ここではルーティングを通してTCP/IPを学びましょう。

> **TIPS**
>
> ルーティングは取り扱いにある種のノウハウが必要な技術です。ルーティング機器はベンダー（販売元・製造供給元）によって機能やコマンドの差異があり、それぞれに習熟が必要です。そのためベンダーごとに資格もあります。資格を認定する有名なベンダーとしては、Cisco（シスコ）や、Juniper Networks（ジュニパーネットワークス）などがあります。

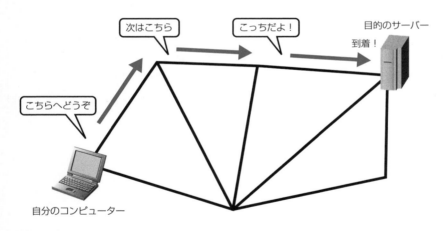

●図3-1 ルーティングの役割

3-2 ルーティングの基礎知識

ここでは、TCP/IPネットワークにおけるルーティングの基礎知識を学んでいきます。ゲートウェイやルーター、ルーティングテーブルなど、学習していくうえで大切な用語が登場します。

3-2-1 ▶ ルーティングとは

TCP/IPネットワークにおける通信において、経路を決定することや次の転送先にデータを転送することを、ルーティングといいます。

皆さんが秋葉原駅にいるとします。秋葉原駅から大阪城公園駅に行こうと思ったら、最適な経路をどのようにして決めるべきでしょうか。新幹線ですか？ 東海道線ですか？ 羽田から飛行機ですか？ 時間帯によっては、高速バスを使うほうが早い場合もあります。

TIPS

英語ではroutingと書き、実際には「ラウティング」という発音に聞こえます。ただし、日本では聞き慣れない言葉（発音）なので、本書では一般的なルーティングという用語を使います。

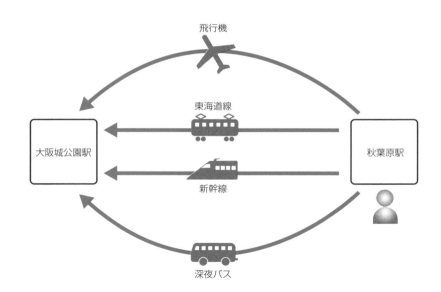

●図3-2　秋葉原駅から大阪城公園駅までの経路選択

TCP/IPにおけるルーティングにおいても同様に、網の目のように張り巡らされているネットワークの中で、最適な経路を決める必要があります。

ルーティングの際には、経路中の混雑具合を勘案し、あらかじめ決められたルールに従って、固定的にあるいは動的に経路を決定してデータを送り出します。混んだ経路を通ればそのぶん時間がかかりますが、混んでいても容量の大きな経路であれば、結果的には早く着くこともあるでしょう。

　ネットワークの中で、経路と経路を結び付けているのが**ゲートウェイ**です。

TIPS

これらのルーティングの種類は
3-4で解説します。

3-2-2 ゲートウェイとは

　ゲートウェイとは、ネットワークとネットワークを結ぶ、最寄りの乗換駅だと考えることができます。

　TCP/IPネットワークに送り出されたデータは、ルールに基づいて設定されているゲートウェイ（乗換駅）まで送り届けられます。ゲートウェイには、簡単に言うと「ある宛先にデータを届けるためには、次にどの乗換駅に送り届ければ良いのか」という情報が保存されています。データを受け取ったゲートウェイは、宛先ごとに決められた「次に送られるべき乗換駅」を指示し、データを送り出します。

　このように、ゲートウェイからゲートウェイへとバケツリレーのようにデータが送り届けられ、最終的に宛先まで届くのです。

TIPS

ゲートウェイの働きをする装置
がルーターです。同じ働きをする装置にL3スイッチがあります。L3スイッチは9-4-3で学びます。

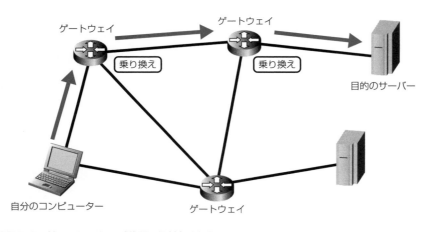

●図3-3　ゲートウェイは、乗換駅の役割を果たす

3-2-3 ▶ ルーターとは

さて、ここまでゲートウェイという言葉を使ってきましたが、そのゲートウェイの役割をする装置のことを**ルーター**（router）と呼びます。ルーターはあらゆるネットワークアドレスへの経路を知っており、TCP/IPのデータを中継するための専用の装置です。

ネットワークに送られるデータは、宛先はわかりますが、どの経路を進めば良いのか知りません。一方のルーターは、次に進むべき経路を知っています。ルーターはデータが持っている宛先を見て、進むべき経路に向けてデータを次々と転送していきます。

TIPS

ラウターと発音する人もいますが、本書ではルーターとします。

3-2-4 ▶ ルーターはネットワーク同士を結びつける

TCP/IPのネットワークは、いうなればルーターによる「データのたらいまわしネットワーク」です。次の乗換駅、そのまた次の乗換駅というように、データはたらいまわしされて、最終的に目的のコンピューターにたどり着きます。

スタート地点では途中の細かなことは気にせず、「途中のルーターがよろしくやってくれる」ことを期待してデータを送り出します。これでネットワークが無事につながることがインターネットの本質であり、転送（たらいまわし）の主役がルーターです。

ルーターは、2つ以上のネットワークに接する形で配置されています（**図3-4**）。そして、自分のところに届いたTCP/IPのデータを見て、行き先を解析し、送るべき次のルーターにデータを送りつけるという働きをします。

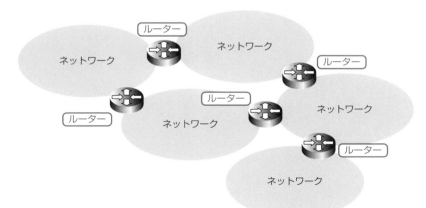

●図3-4　ルーターは、2つ以上のネットワークに接している

3-2-5 ▶ デフォルトルートとは

　ルーターは、自分の知っている範囲だけでデータを処理します。次の経路が自分の知っているネットワークであれば、そのルーターに向けてデータを転送します。もし自分が知らないネットワーク向けのデータだった場合は、標準的に転送するところを事前に決めておき、そこへ転送します。この標準的に転送する先を**デフォルトルート**といいます（**図3-5**）。送ったほうはデフォルトルートに送って「あとはヨロシク」と、終わった気になります。デフォルトルートに指名されたゲートウェイは、よろしく（適宜）処理します。この「よろしく処理」というのは、たとえば自身のネットワークに配送、知っているほかのネットワークに配送、知らないネットワークなので自身のデフォルトルートに配送といった具合の処理です。何らかの理由で配送できないときにはエラーを返します。

TIPS

デフォルトルートはWindowsの設定ではデフォルトゲートウェイと表示されます。これは呼び方が異なるだけで同じものです。

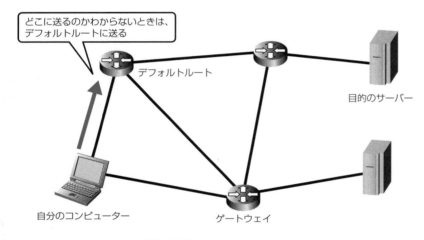

どこに送るのかわからないときは、デフォルトルートに送る

デフォルトルート

目的のサーバー

自分のコンピューター

ゲートウェイ

●図3-5　デフォルトルートは、標準の転送先

3-3 ルーティングを体験しよう

ここでは、ルーティングに関するコンピューターの設定を見てみましょう。続いて、目的のサーバーまでの経路を調べるためのコマンドの使い方を学んでいきます。

3-3-1 ▶ コンピューターの経路設定を知る

では、ルーティングに関するコンピューターの設定を見てみましょう。ターミナルでroute printコマンドを実行し、その結果を確認していきます。

Step1 **ターミナルを起動する**

ターミナルを起動します。

TIPS

ターミナルの起動手順は1-2-2を確認してください。Windows 11ではターミナルが標準ですが、本書の内容はWindows 10以降のコマンドプロンプト（⊞キー＋Ⓡ→「cmd」と入力して、［OK］をクリック）でも実行できます。

Step2 **route printコマンドを実行する**

ターミナルで「route print」と入力し、Enterキーを押します。

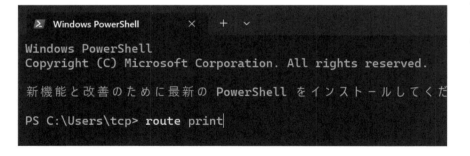

TIPS

Windowsでは「netstat -r」コマンドでも「route print」同様にルーティング情報を取得できます。「netstat -r」はmacOS、Linuxでもほとんど同様に利用できます。Linuxではパッケージが入っている場合、「route」コマンドが同様の用途で利用されます。パッケージが入っているかわからないときには「ip route(省略形はip r)」でルーティング情報を見ることができます。

コマンドの実行結果が表示されます（長いので途中省略）。

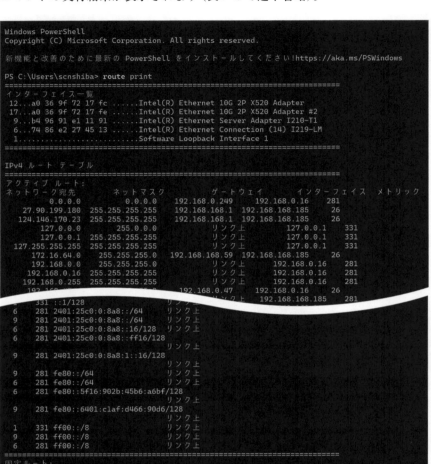

3-3-2 ▶ 実行結果を確認する

● 全体の構成

　画面に表示されたのは、経路情報の設定表です。これは、**ルーティングテー
ブル**と呼ばれることもあります。表示が長くて1画面に収まらないため、画面
は途中で省略しています。

　「route print」コマンドを実行した結果を抜粋したものが、**図3-6**です。まず、
全体が3つの段落に分かれています。上から「インターフェイス一覧」「IPv4
ルートテーブル」「IPv6ルートテーブル」です。

●図3-6 「route print」コマンドの実行結果（抜粋）

```
PS C:\Users\tcp> route print
===========================================================================
インターフェイス一覧
 12...a0 36 9f 72 17 fc ......Intel(R) Ethernet 10G 2P X520 Adapter
 17...a0 36 9f 72 17 fe ......Intel(R) Ethernet 10G 2P X520 Adapter #2
  9...b4 96 91 e1 11 91 ......Intel(R) Ethernet Server Adapter I210-T1
  6...74 86 e2 27 45 13 ......Intel(R) Ethernet Connection (14) I219-LM
  1...........................Software Loopback Interface 1
===========================================================================

IPv4 ルート テーブル
===========================================================================
アクティブ ルート:
ネットワーク宛先         ネットマスク          ゲートウェイ         インターフェイス  メトリック
          0.0.0.0          0.0.0.0   192.168.0.249     192.168.0.16       281
    27.90.199.180  255.255.255.255   192.168.168.1   192.168.168.185       26
   124.146.170.23  255.255.255.255   192.168.168.1   192.168.168.185       26
        127.0.0.0        255.0.0.0         リンク上        127.0.0.1       331
        127.0.0.1  255.255.255.255         リンク上        127.0.0.1       331
  127.255.255.255  255.255.255.255         リンク上        127.0.0.1       331
      172.16.64.0    255.255.255.0  192.168.168.59   192.168.168.185       26
      192.168.0.0    255.255.255.0         リンク上     192.168.0.16       281
     192.168.0.16  255.255.255.255         リンク上     192.168.0.16       281
    192.168.0.255  255.255.255.255         リンク上     192.168.0.16       281
     192.168.47.0    255.255.255.0    192.168.0.47     192.168.0.16       26
    192.168.168.0    255.255.255.0         リンク上   192.168.168.185       281
  192.168.168.185  255.255.255.255         リンク上   192.168.168.185       281
  192.168.168.255  255.255.255.255         リンク上   192.168.168.185       281
   210.166.74.148  255.255.255.255   192.168.168.1   192.168.168.185       26
    221.119.158.6  255.255.255.255   192.168.168.1   192.168.168.185       26
        224.0.0.0        240.0.0.0         リンク上        127.0.0.1       331
        224.0.0.0        240.0.0.0         リンク上     192.168.0.16       281
        224.0.0.0        240.0.0.0         リンク上   192.168.168.185       281
  255.255.255.255  255.255.255.255         リンク上        127.0.0.1       331
  255.255.255.255  255.255.255.255         リンク上     192.168.0.16       281
  255.255.255.255  255.255.255.255         リンク上   192.168.168.185       281
===========================================================================
固定ルート:
  ネットワーク アドレス          ネットマスク  ゲートウェイ アドレス  メトリック
          0.0.0.0          0.0.0.0   192.168.0.249       既定
    27.90.199.180  255.255.255.255   192.168.168.1          1
   210.166.74.148  255.255.255.255   192.168.168.1          1
    221.119.158.6  255.255.255.255   192.168.168.1          1
      172.16.64.0    255.255.255.0  192.168.168.59          1
     192.168.47.0    255.255.255.0    192.168.0.47          1
   124.146.170.23  255.255.255.255   192.168.168.1          1
```

```
================================================================
IPv6 ルート テーブル
================================================================
アクティブ ルート:
 If メトリック ネットワーク宛先          ゲートウェイ
  1    331 ::1/128                      リンク上
  6    281 2401:25c0:0:8a8::/64         リンク上
  9    281 2401:25c0:0:8a8::/64         リンク上
  6    281 2401:25c0:0:8a8::16/128      リンク上
  6    281 2401:25c0:0:8a8::ff16/128
                                        リンク上
  9    281 2401:25c0:0:8a8:1::16/128
                                        リンク上
  9    281 fe80::/64                    リンク上
  6    281 fe80::/64                    リンク上
  6    281 fe80::5f16:902b:45b6:a6bf/128
                                        リンク上
  9    281 fe80::6401:c1af:d466:90d6/128
                                        リンク上
  1    331 ff00::/8                     リンク上
  9    281 ff00::/8                     リンク上
  6    281 ff00::/8                     リンク上
================================================================
固定ルート:
  なし
```

　皆さんの画面に表示された内容は、おそらく本書のサンプルとは異なるはずです。これは、コマンドを実行したコンピューターのネットワーク環境によって違いが生じるためです。

● **インターフェイス一覧**

　インターフェイス一覧には、そのコンピューターがネットワークにつながるための出入口の一覧が表示されています。

● **ルートテーブル**

　ルートテーブルは経路の表のことです。ルートテーブルは、IPv4用とIPv6用が別々に表示されています。

　IPv4の段落は、「アクティブルート」「固定ルート」の2つに分かれます。ここではアクティブルートについて見ていきます（**図3-7**）。

TIPS

2-2-1でipconfigを実行してIPv6のリンクローカルアドレスの最後尾に％6がついていました。左の図のインターフェイス一覧の6にそのリンクローカルアドレスが割り振られています。

TIPS

ほとんどの人は特別な設定をしていないので固定ルートの中は、一つだけのルートであるデフォルトルートのみが表示されるでしょう。

TIPS

表示があることから、Windows 11ではIPv6が最初から使えることがわかります。本書ではIPv4の場合について解説します。

●図3-7　IPv4 ルートテーブルのアクティブルート（抜粋）

```
IPv4 ルート テーブル
===========================================================================
アクティブ ルート：
ネットワーク宛先        ネットマスク        ゲートウェイ        インターフェイス    メトリック
        0.0.0.0          0.0.0.0    192.168.0.249      192.168.0.16    281
   27.90.199.180  255.255.255.255    192.168.168.1    192.168.168.185     26
  124.146.170.23  255.255.255.255    192.168.168.1    192.168.168.185     26
       127.0.0.0        255.0.0.0         リンク上          127.0.0.1    331
       127.0.0.1  255.255.255.255         リンク上          127.0.0.1    331
 127.255.255.255  255.255.255.255         リンク上          127.0.0.1    331
     172.16.64.0    255.255.255.0   192.168.168.59    192.168.168.185     26
     192.168.0.0    255.255.255.0         リンク上       192.168.0.16    281
    192.168.0.16  255.255.255.255         リンク上       192.168.0.16    281
   192.168.0.255  255.255.255.255         リンク上       192.168.0.16    281
    192.168.47.0    255.255.255.0     192.168.0.47       192.168.0.16     26
   192.168.168.0    255.255.255.0         リンク上    192.168.168.185    281
 192.168.168.185  255.255.255.255         リンク上    192.168.168.185    281
 192.168.168.255  255.255.255.255         リンク上    192.168.168.185    281
  210.166.74.148  255.255.255.255    192.168.168.1    192.168.168.185     26
   221.119.158.6  255.255.255.255    192.168.168.1    192.168.168.185     26
       224.0.0.0        240.0.0.0         リンク上          127.0.0.1    331
       224.0.0.0        240.0.0.0         リンク上       192.168.0.16    281
       224.0.0.0        240.0.0.0         リンク上    192.168.168.185    281
 255.255.255.255  255.255.255.255         リンク上          127.0.0.1    331
 255.255.255.255  255.255.255.255         リンク上       192.168.0.16    281
 255.255.255.255  255.255.255.255         リンク上    192.168.168.185    281
===========================================================================
固定ルート：
  ネットワーク アドレス        ネットマスク  ゲートウェイ アドレス  メトリック
        0.0.0.0          0.0.0.0    192.168.0.249      既定
   27.90.199.180  255.255.255.255    192.168.168.1      1
  210.166.74.148  255.255.255.255    192.168.168.1      1
   221.119.158.6  255.255.255.255    192.168.168.1      1
     172.16.64.0    255.255.255.0   192.168.168.59      1
    192.168.47.0    255.255.255.0     192.168.0.47      1
  124.146.170.23  255.255.255.255    192.168.168.1      1
```

左の列から右へ順に、「ネットワーク宛先」「ネットマスク」「ゲートウェイ」「インターフェイス」「メトリック」となっています。

それぞれの行には、どのネットワークアドレス向けにはどのインターフェイスからどのゲートウェイを使うか、ということが書いてあります。

図3-7の❶の行を見ると、インターフェイスが「192.168.0.16」となっています。これは、コンピューターに設定されたIPアドレスです。テーブルには、このIPアドレスからどこに送るかが設定されています。

TIPS
固定ルートについては、次の節で解説します。

TIPS
IPv4ルートテーブルの最下段には、固定ルートについて、ユーザーが特別に自分で経路を決めて設定したときに表示されます。

3

ルーティングはTCP／IP通信の要

❶の行では、ネットワーク宛先とネットマスクが両方とも0.0.0.0になっています。すべて0なのは、「すべてのIPアドレスについて」という意味です。特別に決めた経路以外の場合、192.168.0.249にデータを送るという設定——つまりここで、デフォルトルートの設定を行っているのです。

図3-7の❷を見てください。これは、192.168.47.0/24というネットワークへデータを送るには、192.168.0.47というゲートウェイにデータを送り届ければ良いという指示です。同じように宛先が172.16.64.0の行を見てみましょう。192.168.168.185のインターフェイスから192.168.168.59というゲートウェイにデータを送り届ければ良いとしています。

TIPS

わかりにくいですが、図3-7の②のすぐ下の行を見ると192.168.168.0/24のネットワーク向けのインターフェイスは192.168.168.185となっており、このパソコンはループバックを除くとネットワークインターフェイスのうち2つがIPアドレスを振られ、使われていることがわかります。

3-3-3 ▶ Webサーバーまでの経路を知る

tracertというコマンドを使うと、コンピューターからサーバーまでの経路を調査することができます。たとえば、www.dtg.jpというサーバーまでの経路を調べてみましょう。

TIPS

「tracert」はWindows専用コマンドです。同等の機能を持つコマンドはmacOSやLinuxをはじめ多くのOSと機器で、一般には「traceroute（トレースルートと発音する人が多い）」です。
Linuxはディストリビューションやバージョンによってコマンドが実行できないことがあります。その場合は各ディストリビューションで「traceroute」コマンドのためのパッケージをインストール（たとえばCentOS Stream 9では yum install traceroute. x86_64、Ubuntu 22.04では sudo apt-get install tracerouteと実行）してください。

Step1 ターミナルを起動する

ターミナルを起動します。

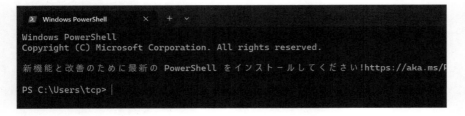

Step2 tracertコマンドを実行する

ターミナルで「tracert www.dtg.jp」と入力し、 Enter キーを押します。

❶入力　❷ Enter

82

Step3 実行結果が表示される

コマンドの実行結果が表示されます。

```
Windows PowerShell                    ×    +   ∨

Windows PowerShell
Copyright (C) Microsoft Corporation. All rights reserved.

新機能と改善のために最新の PowerShell をインストールしてください!https://aka.ms/PSWindows

PS C:\Users\scnshiba> tracert -4 www.dtg.jp

dtg.jp [49.212.180.170] へのルートをトレースしています
経由するホップ数は最大 30 です:

  1    <1 ms    <1 ms    <1 ms  192.168.2.1
  2     3 ms     2 ms     3 ms  i153-144-255-136.s99.a049.ap.plala.or.jp [153.144.255.136]
  3     3 ms     3 ms     3 ms  153.144.255.205
  4     6 ms     5 ms     6 ms  210.163.62.117
  5     6 ms     6 ms     4 ms  i118-21-178-45.s99.a049.ap.plala.or.jp [118.21.178.45]
  6     5 ms     5 ms     5 ms  211.6.91.173
  7     5 ms     5 ms     5 ms  122.1.245.69
  8     7 ms     6 ms     6 ms  ae-6.r03.tokyjp05.jp.bb.gin.ntt.net [120.88.53.29]
  9     6 ms     5 ms     6 ms  ae-4.r31.tokyjp05.jp.bb.gin.ntt.net [129.250.3.57]
 10    12 ms    13 ms    13 ms  ae-3.r27.osakjp02.jp.bb.gin.ntt.net [129.250.7.81]
 11    13 ms    13 ms    12 ms  ae-2.r02.osakjp02.jp.bb.gin.ntt.net [129.250.2.128]
 12    13 ms    13 ms    13 ms  ce-0-8-0-0.r02.osakjp02.jp.ce.gin.ntt.net [61.120.147.26]
 13    17 ms    15 ms    15 ms  osnrt101b-hrt1.bb.sakura.ad.jp [157.17.153.2]
 14    13 ms    12 ms    13 ms  osnrt104e-nrt101b.bb.sakura.ad.jp [157.17.149.30]
 15    15 ms    16 ms    15 ms  www2730.sakura.ne.jp [49.212.180.170]

トレースを完了しました。
PS C:\Users\scnshiba> |
```

3-3-4 実行結果を確認する

tracertコマンドの引数に、www.dtg.jpを指定して実行した結果を、**図3-8**に抜粋します。皆さんが実行すると結果は少々違ったものになるはずです。

TIPS

macOSやLinuxでは「trace route www.dtg.jp」で実行してください。英語で表示されますが、内容はWindowsのtracertと同等です。

TIPS

Linuxではインストールの選択によってパッケージがインストールされていないことがあります。たとえばtracerouteが実行できないときにCentOS Stream 9でインストールするパッケージはyum search tracerouteとするかyum provides */tracerouteのようにして探します。Ubuntuの場合はbashで実行時にエラーがわりに必要パッケージやコマンド例が表示されますが、エラーを出さないで先に探す場合は/usr/lib/command-not-found tracerouteやapt-cache search tracerouteのように実行します。

TIPS

もし、ルートをトレースしている先であるブラケットの [と] の中がピリオド「.」で区切られた四つの数字（図3-8の例では49.212.180.170）でなく、たとえば2403:3a00:201:1b:49:212:180:170のような長くてコロン「:」で区切られた数字やアルファベットの場合は2-5で学んだIPv6が使える環境です。その部分以外がだいたい同じようなパターンであれば特に問題ありません。tracertをオプションも引数もなしで実行するとオプション一覧を見ることができます。そのオプションのなかからIPv4の使用を強制すると図3-8の結果のようなIPv4の結果になりますので、試してみましょう。

●図3-8　tracert コマンドの実行結果

```
PS C:\Users\tcp> tracert www.dtg.jp

dtg.jp [49.212.180.170] へのルートをトレースしています
経由するホップ数は最大 30 です:

  1    <1 ms    <1 ms    <1 ms  192.168.2.1
  2     3 ms     2 ms     3 ms  i153-144-255-136.s99.a049.ap.plala.or.jp [153.144.255.136]
  3     3 ms     3 ms     3 ms  153.144.255.205
  4     6 ms     5 ms     6 ms  210.163.62.117
  5     6 ms     5 ms     4 ms  i118-21-178-45.s99.a049.ap.plala.or.jp [118.21.178.45]
  6     5 ms     5 ms     5 ms  211.6.91.173
  7     5 ms     5 ms     5 ms  122.1.245.69
  8     7 ms     6 ms     6 ms  ae-6.r03.tokyjp05.jp.bb.gin.ntt.net [120.88.53.29]
  9     6 ms     5 ms     6 ms  ae-4.r31.tokyjp05.jp.bb.gin.ntt.net [129.250.3.57]
 10    12 ms    13 ms    13 ms  ae-3.r27.osakjp02.jp.bb.gin.ntt.net [129.250.7.81]
 11    13 ms    13 ms    12 ms  ae-2.r02.osakjp02.jp.bb.gin.ntt.net [129.250.2.128]
 12    13 ms    13 ms    13 ms  ce-0-8-0-0.r02.osakjp02.jp.ce.gin.ntt.net [61.120.147.26]
 13    17 ms    15 ms    15 ms  osnrt101b-hrt1.bb.sakura.ad.jp [157.17.153.2]
 14    13 ms    12 ms    13 ms  osnrt104e-nrt101b.bb.sakura.ad.jp [157.17.149.30]
 15    15 ms    16 ms    15 ms  www2730.sakura.ne.jp [49.212.180.170]

トレースを完了しました。
```

　図中の各段のそれぞれはネットワークを示しており、それぞれのネットワークでゲートウェイを通過したことが記録されています。

　14のゲートウェイを経由して、目的地にたどり着いていることがわかります。14回の乗換を経て、15回目に降り立ったソコが、www.dtg.jp（本名はwww2730.sakura.ne.jp）のサーバーというわけです。

　最初の乗換駅である「192.168.2.1」は筆者のコンピューターのすぐそばにあります。次の乗換駅は「i153-144-255-136.s99.a049.ap.plala.or.jp [153.144.255.136]」で、その次は「153.144.255.205」です。この下に書かれた、これら2から下のネットワークは、プロバイダーだったり、プロバイダーのプロバイダーだったりします。

　引数にあなたの知っているサーバーを指定してみましょう。

TIPS

44ページで紹介したスマートフォンのアプリでtracerouteをしてみると、場所によって中継しているゲートウェイが変わることが見て取れます。通勤・通学の途中、自宅・学校・会社など試してみるとよいでしょう。

TIPS

経路の途中にデータを通してくれるものの「要求がタイムアウトしました。」と表示して、ほとんど情報をくれないゲートウェイが時にあります。また最後のほうでタイムアウトすることもあります。これらはOSの違いで差が出ることがありますが、実際にはトレースルートに使用するプロトコルの違いが現れたものです。標準ではWindowsはICMPを使用し、LinuxやmacOSで はUDPを使用しますのでWindowsと同じ結果を得たいときはオプションでICMPを指定してトレースルートをしましょう。

3-4 経路を設定・管理する方法を学ぼう

ネットワーク上のルーターでルーティングテーブルを設定・管理するには、いくつかの方法があります。
代表的な設定方法であるスタティックルーティングとダイナミックルーティングについて解説します。

3-4-1 ▶ スタティックルーティングとは

　隣のネットワーク、その隣のネットワーク、そのまた隣の……と遠く離れた
ネットワークと通信するためには、経路に関する表（ルーティングテーブル）
を作れば良いことを学んできました。

　あらかじめ経路に関するルーティングテーブルを作り、それをすべてのルー
ターに教え込んでいけば、ネットワークはいくらでも拡張することができ
ます。新しいネットワークが追加されたり、ネットワークが削除されたりして
しまった場合も、ルーティングテーブルを更新すれば良いのです。

　このように、ネットワーク上のルーターにあらかじめルーティングテーブ
ルを作成し、個々のテーブルを基にルーティングを行う方法を、**スタティック
ルーティング**といいます。スタティックルーティングの考え方はシンプルで、
とくに難しいことはありません。

TIPS

スタティックルーティングの設
定はWindowsでは固定ルー
トと表示され、宛先、ネットマ
スク、同じネットワーク内の
ルーターのアドレスの順に表示
されます。

3-4-2 ▶ ダイナミックルーティングとは

　スタティックルーティングは、シンプルでとてもわかりやすい方策ですが、
問題点もあります。

　「ルーターを増やした」——すなわちネットワークが増えた場合などには、
通信させたいすべてのルーターにそのネットワークの存在を教える必要があ
ります。つまり、ネットワークの増減に対応して、そのときに関連するすべて
のルーターのルーティングテーブルを書き換えなければならないのです。

　1つや2つならともかく、何十ものネットワークをまとめて行うのは面倒で
す。面倒というよりも、人手で行うと必ずミスを誘発し、問題が引き起こされ
る危険性のほうがはるかに大きいでしょう。自動化できるのであれば、それに
越したことはありません。

　実は、ネットワークが増えたり減ったりしたという情報をルーター同士が
やりとりし、経路情報を動的に生成・更新する方法が用意されています。それ
を**ダイナミックルーティング**と呼びます（**図3-9**）。

TIPS

存在を教えるだけでなく、で
きれば最適な経路も教えたい
し、さらには1本に経路が集
中しないように分散させたいと
きもあります。悩みのタネは尽
きません。

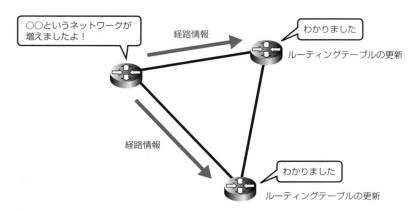

○○というネットワークが増えましたよ！

経路情報

わかりました

ルーティングテーブルの更新

経路情報

わかりました

ルーティングテーブルの更新

●図3-9　ダイナミックルーティングの動作イメージ

　遠くのネットワークと通信する経路を決める際には、経由するルーターの数を最小にする方法、コスト（帯域など）を最小にする方法などが考えられます。

　こうした仕組みでは、RIP（Routing Information Protocol）やOSPF（Open Shortest Path First）などといったプロトコルを使い、ルーター同士に通信をさせて最適な経路を決定します。

　ダイナミックルーティングでは、ルーター同士の相談にさまざまなプロトコルや技術が使われています。ただし、かなり専門的な内容になってくるため、本書では詳しく解説しません。

　ダイナミックルーティングという仕組みがあることによって、ネットワークの拡張・縮退・経路変更がスムーズに行われているということを知っておいてください。

TIPS

経由するルーターの数を、ホップ数と呼びます。

TIPS

インターネットに接続する会社やいわゆるインターネットプロバイダーなどのAS（Autonomous System：直訳で自律システム、固有のルーティングポリシーに従って運用されている独立したネットワークで日本ではJPNIC、最終的にはIANAがAS番号を管理）の中ではRIPやOSPFをIGP（Interior Gateway Protocol：組織内部で完結する経路制御プロトコル）として使用し、ほかのASとはEGP（Exterior Gateway Protocol：外部との経路制御プロトコル）として一般にBGP-4（Border Gateway Protocol 4）を使用しています。
IGPとして挙げたRIPの場合には、経由するルーターの数（ホップ数）を最小にすることを優先し、OSPFの場合には帯域などのコストを最小にすることを優先します。こうしたプロトコルを使って、ルーター同士が相談して経路を決定していきます。
EGPにしろIGPにしろルーター同士が一定の決まった規約（プロトコル）にのっとって相談し経路を決定するという動的経路決定の仕組みをダイナミックルーティングと呼んでいます。

要点整理

✔ ルーティングとは経路を決定することである

✔ ルーティングをするための装置をルーターと呼ぶ

✔ 標準的なデータの送り先を、デフォルトルートと呼ぶ

✔ 経路が設定された表を、ルーティングテーブルと呼ぶ

✔ Windowsでは、route printコマンドを使ってルーティングテーブルを閲覧できる

✔ Windowsでは、tracertコマンドを使って目的のサーバーまでの経路を調査することができる

✔ 経路情報を静的に管理することをスタティックルーティングと呼ぶ

✔ 経路情報を動的に管理することをダイナミックルーティングと呼ぶ

問題1. ルーティングについて、正しいか誤っているか判定してください。

正・誤

□　□　①データが通る道筋を決定することをルーティングといい、日本語では経路という

□　□　②経路を決定して別のネットワークにデータを送る装置をルーターという

□　□　③標準的にデータを送る先をデフォルトルートという

問題2. ルーティングについて、［　　　　　　］内に適切な文字や数字を入れてください（使用OSはWindows）。

a. パソコンで経路情報を見るには、ターミナルでroute ［　①　］を実行するか、netstatの引数に ［　②　］を指定する

b. www.dtg.jp という web サーバーまでの経路を調べるには、ターミナルで ［　③　］コマンドに www.dtg.jp を引数として実行する

問題3. ルーティングについて、正しい数字や文字を記入または選択してください。

標準的にデータを送る先以外に、別のネットワークへデータを送るように手動設定された経路を［①　（イ）ダイナミックルート　（ロ）スタティックルート　（ハ）インターナルルート　（ニ）エクステリアルート］と言い、ネットワークの追加や削除に応じて動的に経路を変更することを［②　（イ）ダイナミックルーティング（ロ）スタティックルーティング　（ハ）インターナルルーティング　（ニ）エクステリアルーティング］という。

CHAPTER

4

パケットでデータを分割

TCP/IPネットワークでは大きなデータは分割されます。このとき、分割されたものをパケットと呼びます。パケットはただデータを分割したものではなく、それぞれのパケット自身の情報をヘッダーという領域に保持します。データを分割することによって、データを再送したり、複数の経路でデータを送ったりすることができます。
パケットはTCP/IPにおけるカプセル化を理解するのにも適しています。
本章ではパケットとはなにか、カプセル化とはなにかを解説します。

4-1 本章で学ぶこと

本章ではパケットという概念を解説します。パケットの考え方が、TCP/IPの通信においてどのように役立っているのかを学んでいきましょう。

4-1-1 パケット

TCP/IPネットワークでは、大きなデータは適切なサイズに細かく分割されたうえで、1つ1つに宛先などの情報が付与され、ネットワークに送り出されます。こうして分割されたものを、**パケット**と呼びます。元のデータをパケットという形にして送り出すことで、1本の回線を時間で分割し、あたかも複数の回線をまとめたかのようにして使うことができます。

パケットの考え方は、大小さまざまなデータをやりとりするネットワークで、データを効率的に送受信するうえでとても大切です。

TIPS

パケットは英語でpacketと書き、小包という意味です。たくさんのデータを小分けにして、1つずつ梱包し、宛先を書いて差し出すと考えると、イメージが湧きやすいのではないでしょうか。

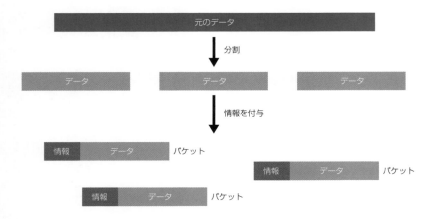

●図4-1 パケットの仕組み

4-2 パケットの役割を学ぼう

パケットの考え方を利用すると、実際にどのようなメリットがあるのでしょうか。ここでは、パケットを使うことによるメリットを学びましょう。

4-2-1 ▶ パケットとは

パケットとは、ネットワーク上でデータをやり取りする際に、適切な大きさにデータを分割したうえで、それぞれに行き先や発信元や通し番号などの情報を付与したものです。ネットワークの通信において、データをやりとりするための単位だと考えることができます。

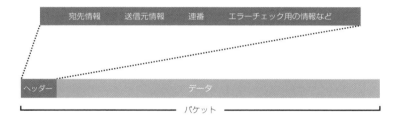

●図4-2　パケットの構造

TIPS

ヘッダーは、送るデータの前に付く情報を指します。後ろに付く場合にはトレーラーといいます。

COLUMN ☕

パケット・フレーム・データグラム・セグメント

この章では「パケット」という言葉を使っていますが、この他にも「フレーム」「データグラム」「セグメント」などという言葉を耳にすることがあるかもしれません。これらの多くは、ネットワーク通信の中で似た役割を果たすものなのですが、使われる場所（ネットワークの階層）によって呼び名が異なります。ある階層ではフレーム、別の階層ではデータグラム、セグメントなどと呼ばれます。

ただし、最近ではこれらの概念をひっくるめて「パケット」と表現することも多くなっていますので、本書では基本的にはパケットという用語を使っています。

TIPS

ネットワークの階層については、8章で詳しく学びます。

4-2-2 ▷ パケットのメリットとは

パケットを利用すると、さまざまなメリットがあります。

データをパケットに分割して通信することにより、ネットワークの制約（一度に送ることのできるデータの大きさの制限）よりも大きなデータを送ることができます。

仮に、分割したパケットの一部がなくなったり、壊れたりしても、その部分のみを送り直すだけで済みます。すべてを送り直す必要はありません。

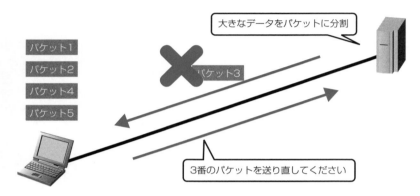

●図4-3 途中でパケットが壊れたり、なくなったりした場合

また、1つの経路において時分割でパケットを送信することにより、複数のデータ通信が相乗りできます。これで、あたかも回線が複数あるかのように利用することが可能です。

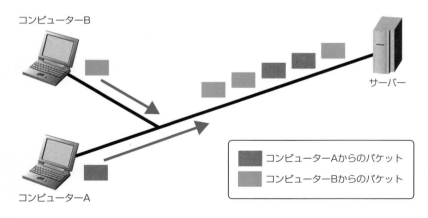

●図4-4 相乗りパケットの様子

さらに、パケットという単位に分割することで、複数の経路を使ってデータ通信を行うことも可能になります。

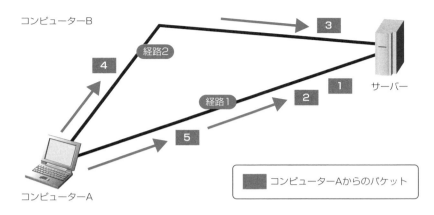

●図4-5　他の経路を通って到着するパケット

4-2-3 ▶ 現実世界に見る、パケットの考え方

パケットの考え方は現実の世界でも見つけることができます。

たとえば原稿用紙です。新書などの本は、400字詰めの原稿用紙300 ～ 400枚分くらいの文字数があります。長い文章は、原稿用紙に収まる文字数ごとに分割されます。

順序が狂っては困りますから、原稿用紙には通し番号が振ってあるはずです。あるページが汚れて読めなくなっていたり、なくしてしまったりしても、対象のページがどこかわかれば補完できます。

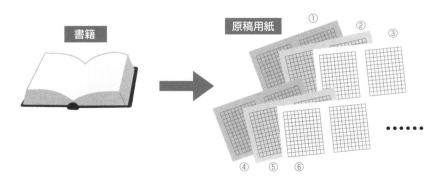

●図4-6　本の内容は、原稿用紙に分けることができる

もう少し理解を深めるために別の例を挙げます。ハガキを思い浮かべてください。ハガキでは、多くの場合、文字数の制限やページ順序などはありません。その一方で、原稿用紙にはなかった宛先や差出人を書く欄があります（**図4-7**）。

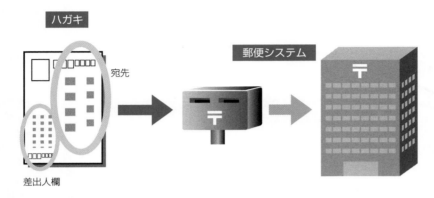

●図4-7　ハガキの宛先と差出人欄

　ハガキを郵便システムに乗せると、町の郵便局はハガキの宛先を見て、地域郵便局に送り出します。地域郵便局では、宛先を見て宛先方面に近い地方中央郵便局行きに送り出し……ということを繰り返し、宛先まで届きます。ネットワークでパケットをやりとりする仕組みとよく似ていますね。

　原稿用紙の例で見たようにデータをある順序や大きさで分割することで欠損に強く、ハガキの例で見たように宛先などの付加的な情報がある、この両方の役割を併せ持つのがパケットです。

4-3 パケットとカプセル化

前節では、パケットのメリットについて学びました。ここでは、パケットのヘッダーについて学ぶとともに、パケットによって実現するカプセル化のメリットについても解説します。

4-3-1 ▶ パケットのヘッダー

　これまで見てきたように、パケットには宛先や差出人、順番を表すための仕組みが含まれています。ですが、それだけではありません。他にも、パケットのサイズ、優先度、データが壊れていないかをチェックするための情報などが入っています。これらの情報が入っている場所を**ヘッダー**と呼びます（**図4-8**）。

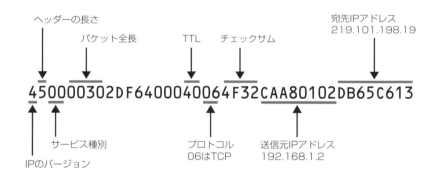

●図4-8　IPv4のヘッダー

TIPS

送信元や宛先のヘッダー部のIPアドレスをプログラマー電卓（0-4-3参照）を使って、二桁づつ、「CA」「A8」などの16進数を10進数に変換してみましょう。

　本書ではIPv4を扱っていますが、IPv6にも同じようにヘッダーがあります（**図4-9**）。IPv6では、IPv4での反省を元に、ほとんど使われない情報を減らし、新時代に必要と思われる機能のための情報を増やすなどされています。

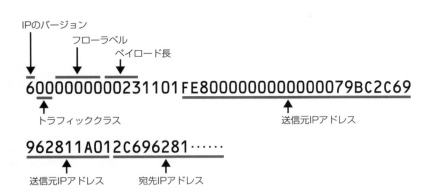

TIPS

ここでは2行に分けて表記していますが実際は一つなぎです。

IPのバージョン

フローラベル

ペイロード長

6000000000231101FE8000000000000079BC2C69

トラフィッククラス

送信元IPアドレス

962811A012C696281……

送信元IPアドレス　　宛先IPアドレス

●図4-9　IPv6のヘッダー

4-3-2 ▶ カプセル化の考え方

　TCP/IPネットワークにおけるデータのやりとりを理解するうえでは、**カプセル化**という考え方を知る必要があります。現実に則した例をもとに、カプセル化の考え方を見てみましょう。

　とある会社では、社員同士で情報をやりとりするときに、必ず短冊（カード）を利用するとします（**図4-10**）。

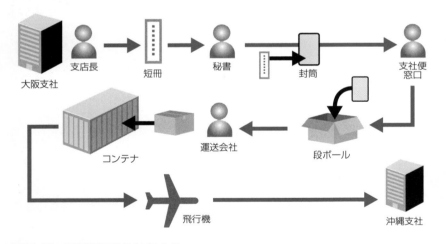

●図4-10　現実世界に見るカプセル化

TIPS

図中にコンテナが出てきますが、このコンテナの考え方はそれなりに古くからありましたが、それまでは袋に入れて船に積み込むだけでした。コンテナという箱に入れて積み上げれば一回の航海でたくさんの荷物を運ぶことができるはずが、荷役の仕方や箱の規格化などなど様々な理由で普及しませんでした。実際に物流でコンテナが規格化されて爆発的普及するのは1960年代後半からでコンピュータが一般に使われ始めるころでした。パケット方式による通信の研究が始まったのもだいたい同時期で、カプセル化というコンテナの考え方を応用したのも偶然ではないかもしれません。

大阪支社の支社長が、沖縄支社の支社長に情報を送るため、短冊を作成して秘書に渡しました。ところが、支社と支社を結ぶ支社便では、むき出しの短冊は紛失しやすいため受け付けてもらえません。そこで、秘書は短冊を封筒に入れて支社便に依頼します。

支社便では、複数の封筒をまとめて送り届ける必要があります。また、封筒以外の荷物もあるかもしれません。そのままでは運びにくいので、ダンボール箱に詰めて運送会社に持っていきました。

運送会社はダンボール箱を受け付けて、その他の荷物と一緒にコンテナに入れ、飛行場に持って行きます。コンテナを積んだ飛行機は、沖縄に向けてひとっ飛び！

ここまでの流れの中で、何度かカプセル化が行われています。**表4-1**に挙げてみましょう。

●表4-1 カプセル化の段階と内容

カプセル化される段階	カプセル化の内容
秘書から支社便へ	短冊を封筒に入れる
支社便から運送会社へ	封筒を段ボールに入れる
運送会社から航空会社へ	段ボールをコンテナに入れる

このように、取り扱う物を、自分が担当する範囲で扱いやすい形に包み込むことをカプセル化といいます。これとは逆方向の、コンテナから段ボールを取り出す、段ボールから封筒を取り出すといった作業は**非カプセル化**といいます（**表4-2**）。

●表4-2 非カプセル化の段階と内容

非カプセル化される段階	非カプセル化の内容
航空会社から運送会社へ	コンテナから段ボールを取り出す
運送会社から支社便へ	段ボールから封筒を取り出す
支社便から秘書へ	封筒から短冊を取り出す

こうしたカプセル化の考え方は、日常生活においてもあちこちで見られます。身の回りの事象を観察してみましょう。

TIPS

詳しくは8章で学びますが、たとえば段ボール箱と同じ方法で取り扱えるなら箱の材質が段ボールからプラスチックやアルミで構成されるようになっても、手前も後も工程が変わらないわけでこれもレイヤー（階層）という考え方です。どういったメリットがあるかについては8章で学びます。

4-3-3 ▶ カプセル化のメリット

カプセル化には、どのようなメリットがあるのでしょうか。

大きなメリットの1つは、カプセル化された物を取り扱う際に、その中身を気にする必要がなくなる点です。

たとえば運送会社にとっては、段ボールという共通の箱にさえ入っていれば、問題なくコンテナに詰め込むことができます。段ボールをうまく取り扱うためのノウハウさえあれば、中に何が入っていても問題にならないわけです。

航空会社も同様で、飛行機に積み込むことのできるコンテナにさえ入れてしまえば、積み込む方法や積み込むために必要な機材は同じです。この場合にも、中に段ボールがあろうが封筒があろうが関係ありません。

TIPS

もちろん、現実的には重量などの要因による制約もありますが。

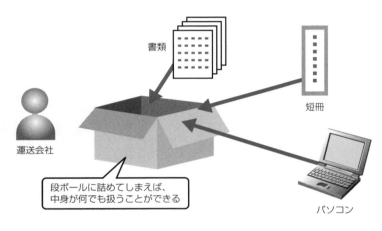

書類

短冊

運送会社

段ボールに詰めてしまえば、
中身が何でも扱うことができる

パソコン

●図4-11　現実世界でのカプセル化のメリット

カプセル化を行うことによって、それぞれの担当者が、自分の担当する範囲の仕事に専念できるようになるのです。

4-3-4 ▶ ネットワークにおけるカプセル化

先ほど見た支社便の例は、ネットワークにも当てはめることができます。

TCP/IPのネットワークは役割に応じたいくつかの階層に分かれています。一番上にある層には私たちユーザーが使うアプリケーション、一番下の層にはLANのケーブルなどがあると考えてください。

アプリケーションが通信をしてデータを送り出すとき、その1つ下の階層にデータの送信を依頼します。1つ下の層はさらに下の層に依頼し、さらにその次の層に依頼し……ということを繰り返して、ネットワークの通信が成り立っています。荷物の運搬時における役割分担と似ていますね。

TIPS

こうした考え方は、8章で学びます。

先ほどの例からもわかるように、役割分担を円滑に行うには「担当者が自分の担当する範囲の仕事に専念」するための仕組みが必要です。

ネットワークでは、上位の階層から依頼を受けると、受け取ったパケットに対して、自分の階層で必要な情報をヘッダーにまとめて付与します。そして、次の階層に仕事を引き継ぎます。これが、ネットワーク通信におけるカプセル化です（**図4-12**）。

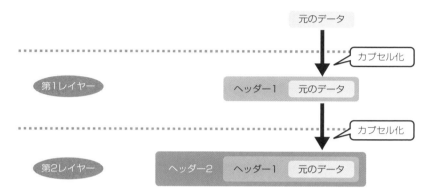

●**図4-12　ネットワーク通信でのカプセル化**

カプセル化をすれば、ヘッダーに書かれた情報を元にパケットを取り扱うことができるようになります。パケットの中身が何なのかは、その階層での仕事には関係なくなります。

COLUMN ☕

カプセル化でデータ形式をTCP/IPに合わせる

カプセル化によって、TCP/IPしか使えないネットワークを経由して、TCP/IP以外の通信を行うことも可能になります。

Windowsには、ネットワークファイル共有やネットワークプリンター共有を行う「NetBIOS（ネットバイオス）」という仕組みがあります。NetBIOSは、もともと近くのネットワークの中だけで使うことを想定しており、ルーターをまたいだ通信はできませんでした。

そこで、NetBIOSの通信方法をTCP/IPでカプセル化する方法が考えられました。これは、TCP/IP上のNetBIOSなので、NetBIOS over TCP/IP（NBT）と呼ばれ、ネットワークにおけるカプセル化の事例の1つです。

📦 TIPS

カプセル化が使われる分野の一つにVPNという技術があります。VPNはビジネスやプライバシー情報を扱う場でよく使われており、たとえば本社と支社・支店のネットワークをインターネットや専用線など途中が関係ないネットワークであってもあたかも隣り合うネットワークであるように扱う技術です。有名なマンガに「どこでもドア」という道具がありますが、イメージとしてはまさにそんな感じでドアの向こう側はいきたい別の場所のように、間にあるネットワークのことを意識することなく本社から見えるルーターの向こう側はそれぞれの支社・支店のネットワークなのです。

そのままですと途中でカプセル化したデータをみればどういう情報（たとえばビジネス上の秘密や保護されるべき個人情報）が入っているかわかってしまうので、最近のVPNは暗号化することが多いです。有名どころをいくつか挙げると最も歴史の長い使用できる機器が大変多いPPTP、それをIPsecによる強化したL2TPがレイヤー2をカプセル化するプロトコル、レイヤー5で通信するSSL VPNなどがあります。それぞれ専門書が出ていますので本書を卒業したらチャレンジしてみましょう。レイヤー2やレイヤー5については8章で学びます。

4-4 パケットの大きさと生存期間

ここでは、ネットワークで取り扱うことのできるパケットの大きさについて解説します。また、ネットワークの安定した運用に必要な、パケットの生存期間という考え方についても学んでいきましょう。

4-4-1 ▶ パケットサイズとフラグメント

データをパケットという単位で送ることはわかりました。では、1つのパケットで送れるデータの量はどれくらいでしょうか。これは、ネットワークの物理的な規格に依存します。

皆さんにとっておそらく一番身近なネットワークであるEthernet（**イーサネット**）では、1度に送ることのできるパケット（フレーム）の最大サイズは1518バイトです。IPパケットのサイズ自体はもっと大きくできるのですが、その下の階層のネットワーク規格による影響で、制約を受けてしまうわけです。

さらに、この1518バイトはヘッダーの分も含んでいます。仮にヘッダー(宛先と送信元のMACアドレスと上位層プロトコルタイプ番号で14バイト)とエラーチェック(Frame Check Sequence:4バイト)に18バイト使ったとすれば、残り1500バイトが実際に送ることのできるデータの量（ペイロードといいます）ということですね。

この数値は、ネットワークの物理的な規格によって変わります。FDDIという光ファイバーならば4500バイト、無線LANの初期に普及したIEEE802.11bという規格では2312バイトまでいっぺんに送ることができます（**図4-13**）。

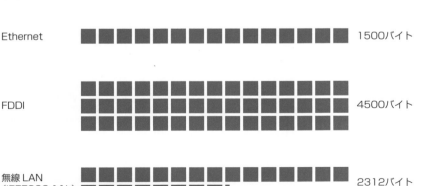

Ethernet　　1500バイト

FDDI　　4500バイト

無線LAN
(IEEE802.11b)　　2312バイト

●図4-13　おもな規格のペイロードサイズ

TIPS
イーサネットにおいては、パケットではなくフレームという名前で呼ばれるのが一般的です。

TIPS
イーサネットは、いわゆるLANケーブルでつなぐネットワークです。運べるデータサイズは46バイト〜1518バイトです。

TIPS
MACアドレスは9-2-3で学びます。MACアドレスのデータサイズは6バイトです。

では、送りたいデータが一度に送ることのできる量よりも大きかったときにはどうするのでしょう。データを小さく分けて、パケットを再構成すれば良いですね。これを**フラグメント（fragment）**といいます（**図4-14**）。フラグメント作業では、一度に送ることのできるサイズに収まるように小分けし直し、宛先や連番などの情報を改めて付与します。

IPv4ではパケットのフラグメント作業はルーターの仕事ですが、IPv6においてはルーターではなく事前に調べて、送り出す装置があらかじめパケットサイズを決めることになっています。このため、ルータによるフラグメントはないことになっています。

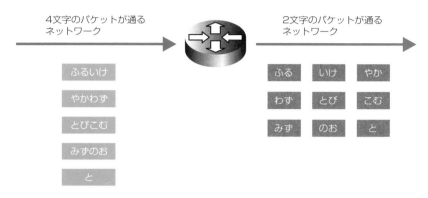

4文字のパケットが通るネットワーク

2文字のパケットが通るネットワーク

ふるいけ	ふる	いけ	やか
やかわず	わず	とび	こむ
とびこむ	みず	のお	と
みずのお			
と			

●**図4-14　フラグメント**

ネットワークが広帯域化してくると、この数字を大きくして、一度に送ることのできるデータ量を増やそうと考える人が現れました。そうしてサイズを大きくしたフレームを**ジャンボフレーム**といいます。この結果、Ethetnetで1518バイトだったフレームの最大サイズを、もっと大きくできるようになりました。

ネットワーク装置の中には、「ジャンボフレーム対応」などと書いてあることがあります。実際には正式な規格ではないため、異なるメーカ同士の装置を使うときには注意しましょう。

4-4-2 ▶ パケットの生存期間

ネットワークに送られるパケットには、**生存期間**が決められています。

本書の1章で、pingによる通信の実験を行いました。そのとき表示された結果の中に、**TTL**という項目があったことを覚えていますか？　TTLは**Time To Live**の略で、パケットの生存期間を表しています。

TTLの値は、ルーターを経由すると1つずつ減っていきます。TTLが0になると、最後に受け取った装置はそのパケットを捨て、発信元にその旨を通知します（**図4-15**）。

捨てることを、「破棄する」と表現する場合が多いようです。

4

パケットでデータを分割

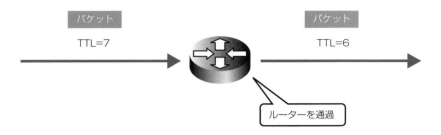

●図4-15　ルーターはTTLを1つ減らす

　パケットの生存期間が決められているのはなぜでしょうか。「パケットが永遠に生きていると困る」ことがあるからです。生きているとは、「ネットワーク上を流れることを許されている」ことを意味すると考えてください。

　何らかの理由でパケットが正しい経路に乗らず、ある装置と装置の間を往復してしまうことがあります。この経路は、人間が期待している経路という意味では、正しい経路ではありません。ですが、それぞれの装置にとっては、お互いが「パケットを送るべき正しい相手」であり、正しい経路なのです。

　こうした場合に生存期間という考え方がないと、同じパケットは「設定として正しい経路」をグルグル回り続けることになります。いずれネットワークは、正しい経路にたどり着けなかったパケットで埋め尽くされてしまいます（**図4-16**）。

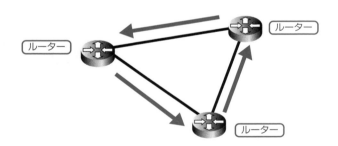

●TTLの考え方がないと、同じところを永遠に回り続ける危険がある

●図4-16　不死のパケットが引き起こす問題

　もしTTLが64に設定されていれば、最悪でも64回ほどルーターを経由すれば寿命が来て、ネットワーク上に存在しなくなるというわけです。

COLUMN ☕

パケットキャプチャ

　パケットキャプチャとはネットワークでやりとりされるパケットを取得、監視することです。パケットキャプチャを実現するソフトにはWiresharkなどがあります。これらのパケットキャプチャソフトは、ネットワークインタフェイスをプロミスキャスモード（promiscuous mode）にして、ネットワーク上を流れるデータをすべて生のまま受け取って表示します。

　パケットキャプチャによって通信の情報を取得することで、装置の開発や設定をしたときに期待したとおり動いているのかがわかります。パケットキャプチャは検証の一手段だと考えるとわかりやすいかもしれません。

　パケットキャプチャには専用の機器もありますが、Wireshark単体でもパソコンの通信内容を把握して学習可能です。実際にキャプチャしてみるとネットワークのしくみを体感できます。

 TIPS

Wiresharkは https://www. wireshark.org/ で配布されています。

要点整理

- ✔ TCP/IPネットワークでは、データをパケットという単位に分割する
- ✔ 上の階層から受け取ったパケットを、ヘッダーなどの情報を付与して包み込むことをカプセル化と呼ぶ
- ✔ カプセル化と逆の作業は、非カプセル化と呼ぶ
- ✔ カプセル化により、自分の担当範囲の仕事に専念できるようになる
- ✔ カプセル化によって、TCP/IPしか通せないネットワークに別の仕組みを通過させられる
- ✔ IPv4では、大きすぎるパケットを小分けにするフラグメンテーションが行われる
- ✔ パケットには生存期間が決められており、永遠にネットワークを流れることのないよう工夫されている

問題1. パケットについて、正しいか誤っているか判定してください。

正・誤
- □ □ ①パケットにはヘッダーという部分が含まれている
- □ □ ②TCP/IPネットワークでは、大きなデータをパケットという単位に分割して小分けする
- □ □ ③パケットに分割すると、回線を1つの通信先が占有してしまい効率が悪い

問題2. パケットについて、◯◯◯◯◯内に適切な文字や数字を入れてください。

a. パケットの生存時間をTime To Liveといい、アルファベット3文字で ① と書く

b. 一般にギガビットイーサネット(GbE、Giga bit Ethernet)と呼ばれるIEEE802.3ab(1000BaseT)の最大パケットサイズは ② バイトである

問題3. パケットについて、正しい数字を記号を記入または選択してください。

ネットワークの機器が同じパケットを永遠にやりとりしないように、[① (イ)生存証明 (ロ)生存意義 (ハ)生存許可 (ニ)生存時間] が設定されている。Time To Liveが64に設定されていると、64回 [② (イ)サーバー (ロ)パソコン (ハ)ルーター (ニ)ハブ] を経由すれば寿命がきて破棄される。

IPのバージョンによってパケットの扱いが異なり、 ③ ではルーターがフラグメンテーションをするが、 ④ では装置が事前にフラグメンテーションせずに送ることのできる最大パケットサイズを調べる。

CHAPTER

5

大切な２つの技術
——TCPとUDP

TCPとUDP、本章で学ぶのはこの２つの技術です。これらは、信頼性や速度など、ネットワーク通信の品質を高める役割を担う技術です。

TCPとUDPは、それぞれが異なる特徴を持っています。信頼性の高いネットワーク通信を行う場合には、データを保証するTCPが向いているでしょう。一方のUDPは、高速なネットワーク通信が必要な場合に重宝されます。

本章を読むことで、TCPとUDPの基本的な特徴、メリットとデメリット、２つの技術の使い分けなどについて学ぶことができます。

5-1 本章で学ぶこと

本章では、TCPとUDPという2つの技術について解説します。2つの技術がどのような特徴を持ち、どのような場面で利用されているのかを学んでいきましょう。

5-1-1 ▷ TCPとUDP

ここでは、前章で学んだパケットに分割されたデータを送るための技術について解説します。本章で学ぶ技術は、**TCP**と**UDP**の2つです（**図5-1**）。どちらも、ネットワークでデータを送るための手続きの名前です。TCPは通信の確実性に優れますが、その分欠点もあります。そこで、確実さよりもすばやさを優先したUDPという仕組みも使われます。本章ではTCPとUDPについて学び、それぞれに向いている使い方などを学びます。

TIPS

TCPとUDPは、それぞれRFC 9293とRFC 768で定義されています。RFCについては204ページのコラムを参照してください。

TCPパケット

送信元ポート番号	宛先ポート番号	
シーケンス番号	確認応答番号	データ
コードビット	ウィンドウサイズ	
チェックサムなど		
計約20バイト		

UDPパケット

送信元ポート番号	
宛先ポート番号	
長さ	データ
チェックサムなど	
計8バイト	

●**図5-1 TCPとUDP**

5-2 データ保証型のTCP

データが壊れていたり、届かなかったりしたときに備えて、どのような対策がなされているのでしょうか。この仕組みを支えているのがTCPであり、インターネットの信頼性の根幹を握る技術の1つです。

5-2-1 ▷ TCPとは

インターネットは数多くのネットワークの集合体ですから、データがどんな劣悪な経路を通るかわかりません。万一、途中でデータが壊れてしまったら、送り直してもらう必要があります。

TCP（Transmission Control Protocol）は、接続相手が準備できているかどうか、パケットが到着したかどうかを確認でき、壊れていたら送信元に送り直させて確実なデータ転送ができるという特徴を備えています。データの転送効率を上げるための**流量制御**（**フローコントロール**）も可能です。

セッションという呼び方で接続性が確保されているので、**コネクション型の通信**と呼ばれます。コネクション型の通信は、電話のように相手がいることを確認したうえで行われる、確実に相手に届く通信方法です。

TIPS

TCPは、「ティーシーピー」と読む人が多いようです。

TIPS

TCPで送信するデータの単位は、正式にはセグメント（Segment）、あるいはTCPセグメントと呼ばれます。現在では一般的にTCPパケットと呼ぶことが多いようです。

5-2-2 ▷ 通信開始の手続きは3段階

TCPでは、通信を始めるときに定型の手続きがあります（**図5-2**）。TCPが信頼性の高い通信を実現するために重要な要素です。

TIPS

SYNはsynchronizeのことで同期を意味します。

TIPS

ACKはacknowledgeのことで、認めるとか了解といった意味で使われます。

TIPS

人間同士でも慎重に作業を開始したいときには、「始めるよ（SYN）→わかった、どうぞ（ACKとSYN）→では（ACK）」のように了解を取りながら始めますね。

●図5-2　TCP通信開始の手続き

（図中：コンピューターA、SYNフラグ、SYN+ACKフラグ、ACKフラグ、サーバーB）

まず、Aは最初にパケットをやりとりしたい相手のBに「通信したい」と連絡し、待ちます。この最初のパケットのヘッダーの中には、**SYNフラグ**という印が付けられています。

連絡を受けたBはAを、パケットをやりとりしても良い相手として「許可」します。同時にAに対して「通信したい」と連絡して待ちます。このパケットのヘッダーの中には、「許可します」という意味の**ACKフラグ**と、こちらから通信したいという意味のSYNフラグが含まれています。

Bからの返事を受け取ったAは、通信したいというBの依頼に「許可」の返事を出します。このパケットにもACKフラグが含まれています。

このような3段階の手続きを経て、ようやく互いに通信を始める準備が整います。これは**スリーウェイハンドシェイク**と呼ばれ、TCPの通信においては、この手続きが終わらないと通信を始められません。すなわち、TCPは双方合意のうえで通信が始まります。

もし、ネットワーク装置の電源が切れているなど、何らかの理由で返事がなければ、一定時間待ったうえで通信を諦めます。

TIPS
コンピューターの業界では、フラグを立てるという表現をすることが多いようです。

TIPS
フラグは、2進数の表現で特定のビットに意味を持たせ、設定した条件が成立するかなどといった状態を保存します

5-2-3 ▶ 通信終了の手続きは4段階

TCPでは通信を終わるときにも定型の手続きがあります。

●図5-3　TCP通信終了の手続き

まずAは、通信相手のBに「終了したい」と連絡して待ちます。このパケットのヘッダーには**FINフラグ**が含まれています。

連絡を受けたBは、Aに終了を許可すると連絡します。つまり、パケットのヘッダーにはACKフラグが含まれています。

しばらく待ったうえで、BのほうからもAに「終了したい」、つまりヘッダーにFINフラグを含んだパケットを送って連絡します。

連絡を受けたAは、同じくヘッダーにACKフラグを含んだパケットを送ります。これで、双方合意のうえで通信が終了します。

5-2-4 ▷ 確実に届くための仕組み

他にも、データを確実に届けるための仕組みが用意されています。

TCPでは、パケットのヘッダーに**シーケンス番号**という通し番号を含んでいます。元のデータはパケット単位に分割されて個別に送り届けられるため、場合によっては到着が前後する可能性があります。ときには、一部のパケットが壊れていたり、届かなかったりするかもしれません。

受け取った側は、パケットはシーケンス番号を元に並べ替えたうえで、不着のパケットがないかを調査します。そして、不着のものがあれば送り直してもらうよう依頼します。

●図5-4　シーケンス番号の役割

また、**チェックサム**と呼ばれる値によって、パケットの内容が壊れていないかどうかを調べることも可能です。

TCPのチェックサム

　チェックサムの仕組みを見てみましょう。チェックサムはパケットの中身と擬似ヘッダー（送信元アドレスや受信アドレス、パケットの長さなど）と実際のTCPヘッダーを2オクテットずつ1の補数にして、足していった答えをヘッダーの中に入れておきます。

　パケットを受け取った側は、上記と同じ計算を行い、ヘッダーに含まれているチェックサムの値と比較します。この時点で差異があれば、パケットが壊れていることがわかるのです。

　なお、1の補数というのは、16進数のFFFFからその数字を引いたものです。

値	1の補数
1	FFFE
4	FFFB
8	FFF7
F	FFF0
2D	FFD2
8000	7FFF

5-2-5 ▶ TCPのメリットとデメリット

　ここまで学んできたように、TCPは確実に相手にデータが届くように考えられ設計、実装されています。これは、TCPのメリットの1つです。

　しかし、その確実性ゆえ複雑になっており、処理に時間がかかります。処理に時間がかかるということは、確実な作業ができる反面、リアルタイム性が必要となる作業においてはデメリットにもなるのです。

　そうした用途においては、次に解説するUDPが利用されます。

5-5 ポート・ポート番号

ネットワークにおいては、さまざまな種類のプログラムがデータのやりとりを行っています。ポートは、多くのプログラムがうまく共存できるよう調整するための仕組みの1つです。

5-5-1 ポートの役割

ポートは、通信の際にプログラムを区別する目的で使われます。TCPとUDPそれぞれで、0から65535の**ポート番号**で区別します。

ポートは、サーバー側が待っている窓口の番号だと考えてください。

たとえばホームページの仕組みを使いたいときには、ホームページのサーバーの80番窓口に「データをください」と依頼して、データを受け取ります。

電子メールの場合には、受信と送信で異なるポート番号が使われています。このことから、送信と受信で違う仕組みが動いていることがわかります。従来、電子メールの受信はTCPの110番でPOP3（Post Office Protocol Version 3）、送信はTCPの25番でSMTP（Simple Mail Transfer Protocol）が多かったのですが、最近はサーバーとクライアント（メールソフト）の間を暗号化することが多くその場合、受信はTCPの995番でPOP3S（POP3 over SSL/TLS）、送信はTCPの465番でSMTPS（SMTP over SSL/TLS）を使用することが普通になってきました。

5-5-2 実際に試してみる

URLの後ろに「:番号」とすれば、サーバーに依頼するポート番号を指定できます。ブラウザーを開いて、アドレス欄に「http://dtg.jp:80/」と入力し、Enter キーを押してみましょう（**図5-7**）。すぐに:80が見えなくなって、「http://dtg.jp/」に表示が変わります。

●**図5-7 http://dtg.jp:80/にアクセスしたところ**

アドレスに:80とつけても正しく表示されていることがわかります。理由は後

TIPS

実際にはクライアント側も問い合わせのときに使っているのですが、本書では解説しません。

TIPS

ただし、最近では迷惑メールへの対策として、多くのプロバイダーでは電子メールの送信にTCPの25番ではなく、TCPの587番を使っています。いずれも公式にメール送信（SMTP）での利用が推奨されるポート番号です。
スマートフォン搭載の電子メールアプリの送信ポートはTCPの587番を標準で利用していることが多いです。

述しますが、ホームページでは暗黙の了解として、80番のポートを使うことになっているためです。ですから、毎回わざわざ:80とする必要はありません。

では試しに:81としてみましょう。ブラウザーのアドレス欄に「http://dtg.jp:81/」と入力して Enter キーを押してください（図5-8）。

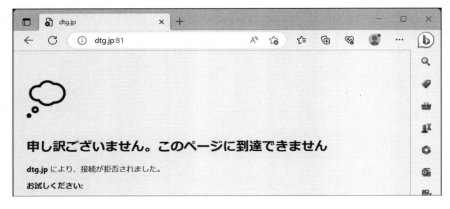

●図5-8　http://dtg.jp:81/にアクセスしたところ

TIPS

macOSで はWindowsと 同様にnetstatコマンドで表示確認ができます。オプションを付けて、netstat -a としましょう。

サーバーは80番のポートで待っていますが、ブラウザーは81番のポートに依頼しています。結果、期待した応答がないためエラーが表示されます。

現在どのポートで接続しているかを見るには、コマンドプロンプトでnetstatと入力して、Enter キーを押します（図5-9）。

TIPS

netstatコマンドはLinuxでは多くの場合、別途パッケージをインストールしていないと利用できません。
Linuxの場合は同様の役割を持つコマンド「ss -antu」を使いましょう。

●図5-9　netstat コマンドの実行例

```
PS C:\Users\tcp> netstat

アクティブな接続

  プロトコル  ローカル アドレス          外部アドレス              状態
  TCP         192.168.48.81:3389       192.168.48.69:65033       ESTABLISHED
  TCP         192.168.48.81:49711      23.98.104.193:8883        ESTABLISHED
  TCP         192.168.48.81:49714      20.198.118.190:https      ESTABLISHED
  TCP         192.168.48.81:51619      server-13-33-174-23:https CLOSE_WAIT
  TCP         192.168.48.81:51624      server-13-33-174-23:https CLOSE_WAIT
  TCP         192.168.48.81:51631      server-99-84-140-30:http  CLOSE_WAIT
  TCP         192.168.48.81:51632      server-99-84-140-30:http  CLOSE_WAIT
  TCP         192.168.48.81:51719      13.107.21.239:https       ESTABLISHED
  TCP         192.168.48.81:51721      a-0001:https              ESTABLISHED
  TCP         192.168.48.81:51722      www2730:http              CLOSE_WAIT    ← http://www.dtg.jp/ の跡
  TCP         192.168.48.81:51723      www2730:http              ESTABLISHED   ← http://www.dtg.jp/ の跡
```

5-5-3 ▶ よく使われるポート番号

ポート番号は、番号の範囲によっていくつかの種類に分かれます（**表5-1**）。その中でもよく使われるポート番号は**ウェルノウンポート**（Well Known Port Number）と呼ばれ、番号表をIANA（Internet Assigned Numbers Authority：**アイアナ**）という組織が管理しています。

●表5-1　待ち受けポート番号の種類

範囲	ポート番号の種類	内容
0〜1023	Well Known Port Numbers	よく使われるポート番号
1024〜49151	Registered Port Numbers	登録済みポート番号
49152〜65535	Dynamic and/or Private Ports	自由に使用できるポート番号

TIPS

実際にはポート番号の使用を強制することはできません。そのため、ホームページのサーバーが81番ポートで待ち受けることも可能です。

サーバープログラムの制作者は、この番号表を元に対応するポートで機能するように開発していきます。これにより、たとえ作った人が異なるプログラムであっても、同じ動作が期待できるというわけです。

どのポートが何に使われているかは、次のコマンドで見ることができます。ターミナルからtype $Env:windir\system32\drivers\etc\servicesと入力し、Enter キーを押してみましょう。

ウェルノウンポートのうち、代表的なポート番号を**表5-2**に示します。私たちにとって最も身近なホームページでは、TCPの80番ポートでサーバープログラムが待ち受ける仕組みを採用しています。また、1章で出てきたDHCPは、UDPを使い67番ポートでサーバープログラムが待ち受けています。

TIPS

macOSやLinuxなどのUNIX系OSで は、「cat /etc/services」で見ることができます。

●表5-2　代表的なポート番号

ポート番号	用途
TCP/20	FTP（ファイル転送・データ）
TCP/21	FTP（ファイル転送・制御）
TCP/22	SSH（セキュアシェル）
TCP/23	telnet（仮想端末）
TCP/25	SMTP（メール送信）
UDP/53	DNS（名前解決）
UDP/67	DHCP（サーバー）
TCP/80	HTTP（ホームページやWeb API）
TCP/110	POP3（メール受信）
UDP/123	NTP（時刻合わせ）
TCP/443	TLS/SSL(信頼性をあげたHTTP)
TCP/465	SMTPS(信頼性をあげたメール送信)
TCP/587	Submission（メール送信）
TCP/995	POP3S(信頼性をあげたメール受信)

TIPS

TCP/443のTLS/SSLはHTTPSで使われます。

大切な2つの技術 —— TCPとUDP

5

HTTPをセキュアにしたプロトコルである、HTTPSはTLSを使っているため443番ポートで通信します。

こちらもブラウザーで試してみましょう。

●図5-9　https://www.dtg.jp:443/にアクセスしたところ

●図5-10　http://www.dtg.jp:80/にアクセスしたところ

COLUMN ☕

ポート番号

　表5-2によく見かける代表的なポート番号を挙げています。IANAのホームページ で、https://www.iana.org/assignments/service-names-port-numbers/service-names-port-numbers.xhtmlでIANAに登録してあるポート番号とそれを利用するサービスを見ることができます。広くは使われていないあまり有名ではないサービスも多く含まれているため、ほとんどが筆者には何のサービスかわかりません。しかしながらたくさんの人がいろいろなサービスを提供しようとしたことがわかります。誰もが使うWebやDNSも同じように並んでいます。もし、サーバープログラムを作るときにはこの表とにらめっこすることになるでしょう。

　TCPとUDPでは同一のポート番号を利用するようであっても互いに関係はありません。たとえばNTPはIANAの規定ではTCPでも定義されていますが、UDPでのみ実装されています。一方POP3はIANAのポート番号表ではUDPもアリのようになっていますが、RFCではTCPの110で待っているようにと規定されています。仮に同じサーバーでNTPを123、POP3を123で待たせたとしましょう。それぞれUDPとTCPという違いでぶつかることもなく、使用することが可能です。これが、もしPOP3サーバーとWebサーバーを同じポート番号、たとえば110で待たせるとTCPの110同士を取り合いになってしまいます。

✔ TCPは相手に確実にデータを送り届けることができる

✔ TCPは信頼性が高いが処理が重く、時間がかかりやすい

✔ UDPは信頼性よりも軽い処理に重きが置かれている

✔ ポートはサーバーが通信を待ち受けるための窓口である

✔ ポートは、TCP・UDPそれぞれ0 〜 65535の番号で表される

✔ 一般的に使われるサーバープログラムのポート番号はウェルノウン
ポートと呼ばれる

✔ ウェルノウンポートはIANAが管理している

問題1. TCPやUDPについて、正しいか誤っているか判定してください。

正・誤
- □　□　①TCPは、確実なデータ転送を行える仕組みを備えている
- □　□　②UDPは、データが壊れていたら送り直しを要求する
- □　□　③TCPやUDPにおけるポート番号は、正の整数で好きな番号を使える

問題2. 　　　　　　内に適切な文字や数字を入れてください。

a. ホームページのサーバーが待ち受けるポート番号は、通常 ［ ① ］ 　 ［ ① ］ である

b. IP電話など、多少パケットが壊れていても良いのでリアルタイム性が必要な場合は ［ ③ ］ を用いる

c. TCPが通信を始める際には、［ ④ ］ という方法で互いに了解を得る

問題3. ポートについて、正しい数字や文字を記入または選択してください。

ポートはサーバープログラムの区別に使われ、ポート番号はTCPでもUDPでも ［ ① ］ ～ ［ ② ］ の値をとる。

よく使われるポート番号は［③ （イ）サポート　（ロ）ウェルノウン　（ハ）ユニバーサル　（ニ）プロキシー］ポートと呼ばれ、［④ （イ）IANA　（ロ）IETF　（ハ）IEEE （ニ）ICANN］が管理している。

自分のコンピューターが現在どのポートに接続しているかを確認するには、ターミナルから［⑤ （イ）netstat　（ロ）ping　（ハ）route　（ニ）tracert］コマンドを実行する。

CHAPTER

6

データを送る経路を
調べる

本章では、1章に登場したpingコマンドが再び登場します。

pingの正体は、実はICMPと呼ばれるプロトコルです。pingを使うと、ネットワーク上のさまざまな情報を知ることができます。ネットワークで発生したトラブルの原因を探るときにも、pingが活躍しているのです。

まず、1章では詳しく解説しなかったpingコマンドの仕組みについて紹介します。そして、pingコマンドやtracertコマンドといったネットワークコマンドを活用して、ネットワーク上のさまざまな情報を知る方法について学んでいきましょう。

6-1 本章で学ぶこと

本章では、ネットワークでさまざまな情報を通知するためのICMPと、ICMPを利用した代表的なコマンドの1つであるpingを使って、ネットワークのさまざまな状態を調査する方法を学びます。

6-1-1 > ICMP

本章ではネットワークにおける縁の下の力持ち、**ICMP**について学びます。ICMPは、TCP/IPネットワーク上の装置同士が互いにうまく連携するために大切な役割を果たしています。1章で使ったpingコマンドなどを通して、その活動の一部を垣間見ることが可能です。

pingは、ネットワークの状態を確認したり、トラブルの原因を探ったりするうえで必須のコマンドの1つです（**図6-1**）。ICMPとはいったいどのようなものなのか、そして、ICMPを利用するpingコマンドでいったい何ができるのか、しっかり学んでいきましょう。

TIPS

pingコマンドは、ネットワーク管理者が利用するコマンドの中でも最も使用頻度が高く、有用なものです。pingコマンドを使えば、ネットワークのトラブルシューティングも可能です。

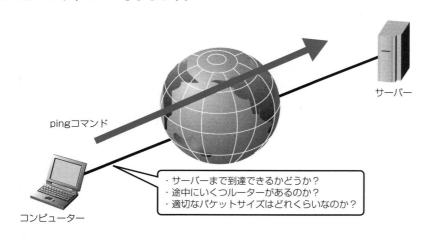

●図6-1 ICMPで経路調査

6-2 ICMPとping

ICMPは、IPネットワークにおける処理の誤りや、通信に関する情報の通知などに使われるプロトコルです。ICMPを使った代表的なソフトウェアの1つが、pingコマンドです。

6-2-1 ▶ ICMPとは

ICMP（Internet Control Message Protocol）は、**インターネット制御通知プロトコル**と訳されます。IPの処理における誤りや、通信に関する情報の通知などに使われています。

IPは、IPアドレスという情報を元に、たとえばあなたのコンピューターから技術評論社のサーバーまで、データをパケットとして送り届けるしくみです。

ところがIPには、5章で解説したTCPのような送受信が成功したかどうかを検出する仕組みがありません。また、送受信に失敗して通信エラーが起きたときに、通信条件やネットワークに関する情報を得る仕組みもないのです（**図6-2**）。

TIPS

ICMPはRFC 792で定義されています。RFCについては、204ページのコラムを参照してください。

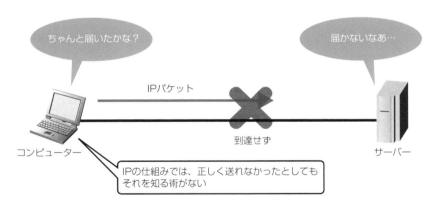

●**図6-2　IPは届けるだけで、エラーがあってもわからない**

このようなIPの欠点を補うためにICMPが作られました。通信の途中でエラーが発生したことがわかった装置は、どのようなエラーなのかといった情報を含むメッセージ（**ICMPメッセージ**）を送信元に送信し、エラーの発生を伝えます（**図6-3**）。

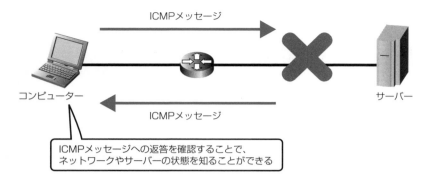

ICMPメッセージ

ICMPメッセージ

コンピューター

サーバー

ICMPメッセージへの返答を確認することで、
ネットワークやサーバーの状態を知ることができる

●図6-3　pingコマンドで相手からの応答を確認する

6-2-2 ▷ pingの正体を知る

　1章から何度も使ってきたpingコマンドですが、実はICMPを使うプログラムの1つです。pingはICMPメッセージを送り、返ってきた応答を見て宛先までの経路の状態を知ることができます。

　メッセージを送る際には、**タイプ8**というICMPメッセージを送信します。タイプ8のICMPメッセージを受け取った相手は、何らかのタイプのメッセージを返します。タイプ8を含む、主なICMPのメッセージタイプを**表6-1**に示します。

●表6-1　ICMPメッセージタイプ一覧

タイプ	メッセージ	日本語訳
0	Echo Reply Message	エコー要求への応答
3	Destination Unreachable Message	宛先到達不能
4	Source Quench Message	送出抑制要求
5	Redirect Message	リダイレクト(経路変更)要求
8	Echo Request	エコー要求
9	Router Advertisement Message	ルーター広告
10	Router Solicitation Message	ルーター要求
11	Time Exceeded Message	時間超過
12	Parameter Problem Message	不正引数
13	Timestamp Message	タイムスタンプ要求
14	Timestamp Reply Message	タイムスタンプ応答
17	Address Mask Request Message	アドレスマスク要求
18	Address Mask Reply Message	アドレスマスク応答

TIPS

ICMPメッセージのタイプ**11**には時間超過とありますが、いわゆる時間が過ぎたわけではありません。
これは、4章で学んだパケットの生存時間を定めたTTL(Time To Live)の値が0になったという意味の時間切れであり、「パケットを捨てましたよ」というルーターからのお知らせです。

6-2-3 ▷ 代表的な返答のタイプ

図6-4のように、到達不能のときにはICMPメッセージの**タイプ3**がエラーとして返ってきます。

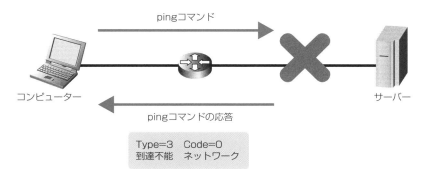

●図6-4　ICMPメッセージタイプ3宛先到達不能の場合

ただし、同じ到達不能だった場合でも、その理由はさまざまです。そこで、タイプ3の応答は、さらに**表6-2**のようなコードに分類されています。返ってきたコードを見ることで、宛先に到達できなかった具体的な理由を知ることができます。

COLUMN ☕

pingに返事がない

　ネットワークの様子を探り出そうとする悪意のあるping送信へのセキュリティー対策などを理由に、2003年ごろからpingの要求に対して返事をしない（つまりReplyを返さない）装置が増えてきました。それまでは、pingを実行することによってそのIPアドレスが存在するかどうかを調べることができたのですが、返事を返さない場合は判断に困ります。途中の線が切れているのか、装置まで辿り着けなかったのか、装置が返事をしないのか、区別がつかないからです。自分が管理するネットワークの場合は、セキュリティリスクの低いところではpingの返事をするようにしておくと管理しやすいでしょう。

●表6-2　ICMPメッセージタイプ3のコード一覧

コード	概要	日本語訳
0	Network Unreachable	ネットワークへ到達不能
1	Host Unreachable	ホストへ到達不能
2	Protocol Unreachable	プロトコル到達不能
3	Port Unreachable	ポート到達不能
4	Fragmentation Needed and DF set	パケットのフラグメンテーション（断片化）が必要だが、DFが設定されている
5	Source Route Failed	ソースルーティング失敗
6	Destinantion Network Unknown	宛先ネットワーク不明
7	Destinantion Host Unknown	宛先ホスト不明
8	Source Host Isolated	発信元ホストが孤立している
9	Network Administartively Prohibited	管理上宛先ネットワークと通信禁止
10	Destinantion Host Administartively Prohibited	管理上宛先ホストと通信禁止
11	Network Unreachable For TOS	サービス種に対してのネットワークへ到達不能
12	Host Unreachable For TOS	サービス種に対してのホストへ到達不能
13	Communication Administratively Prohibited	管理上通信禁止
14	Host Precedence Violation	ホストの優先度違反
15	Precedence Cutoff in Effect	優先度が低すぎる

TIPS

DFは、「フラグメント禁止フラグ」と呼ばれるものです。

　ICMPメッセージでエラーが出たときに、そのエラーに対してのICMPのエラーメッセージを送ると、場合によって互いにずっと送り続けることになるため、エラーに対する返答は送らないことになっています。

6-3 ICMPで経路を調査

本節では、ICMPの実装の１つであるpingコマンドなどを使った経路調査を試してみましょう。ここで使うコマンドは、pingとtracertの２つです。

6-3-1 ▶ 経路調査を体験

ここでは、pingコマンド・tracertコマンドを使ってサーバーまでの経路を調査する体験をしていきましょう。今回の調査によって、次のようなことがわかるようになります。

- ホームページの提供サーバーまで到達できるかどうか
- 途中にいくつルーターがあるのか
- パケットのサイズはどれくらいが適当なのか

では、さっそく試してみましょう。

● 到達できるかどうか

目的のサーバーまでパケットが到達できるかどうかは、1章からずっとおなじみのpingコマンドで調べることが可能です。

まずは成功例を見てみましょう。**図6-5**のように表示されれば、到達性があります。

●図6-5　pingコマンドによる到達性の調査：成功例

```
PS C:\Users\tcp> ping www.dtg.jp

dtg.jp [49.212.180.170]に ping を送信しています 32 バイトのデータ:
49.212.180.170 からの応答: バイト数 =32 時間 =11ms TTL=53
49.212.180.170 からの応答: バイト数 =32 時間 =10ms TTL=53
49.212.180.170 からの応答: バイト数 =32 時間 =11ms TTL=53
49.212.180.170 からの応答: バイト数 =32 時間 =12ms TTL=53

49.212.180.170 の ping 統計:
    パケット数: 送信 = 4、受信 = 4、損失 = 0 (0% の損失)、
ラウンド トリップの概算時間 (ミリ秒):
    最小 = 10ms、最大 = 12ms、平均 = 11ms
```

TIPS

Windowsでは「tracert」という名前のコマンドですが、macOSとLinuxにおけるコマンド名は「traceroute」です。Linuxで実行できない場合はインストールします。

TIPS

到達できることを、「到達性がある」と表現します。

TIPS

pingの表示中のIPアドレスの部分がIPv6（コロン「：」で区切られた16真数の文字列）になる場合はオプションに-4をつけてping -4 www.dtg.jp のようにするとだいたい同じ結果になります。IPv4でもIPv6でもやっていることは変わりません。

失敗すれば到達性がありません。理由はさまざまですが、「そもそも、そういう名前のサーバーがありません」という場合が多いです。このような場合には、**図6-6**のようなメッセージが表示されます。

TIPS
名前解決の失敗は、ICMPの機能とは直接の関係はありませんが、pingコマンドで調べられることの1つとして覚えておくと良いでしょう。

●**図6-6　ping コマンドによる到達性の調査：失敗例①**

```
C:\Users\tcp>ping abc.dtg.jp
ping 要求ではホスト abc.dtg.jp が見つかりませんでした。ホスト名を確認してもう一度実行してください。
```

指定したサーバーの名前が正しいのに、返事が返ってこない場合もあります。もちろんこの場合も到達性はありません。一例を**図6-7**に挙げておきます。「サーバーが動いていない」「ケーブルが断線している」など理由はさまざまですが、これはpingコマンドだけではすぐにわかりません。

●**図6-7　ping コマンドによる到達性の調査：失敗例②**

```
PS C:\Users\tcp> ping www.dtg.jp

dtg.jp [49.212.180.170]に ping を送信しています 32 バイトのデータ:
要求がタイムアウトしました。
要求がタイムアウトしました。
要求がタイムアウトしました。
要求がタイムアウトしました。

49.212.180.170 の ping 統計:
    パケット数: 送信 = 4、受信 = 0、損失 = 4 (100% の損失)、
```

● パケットのサイズはどれくらいが適当なのか

4章で、パケットが元のデータを小分けにしたものであると学びました。通すことのできるパケットのサイズは回線の種類によって異なるため、ルーターはパケットのフラグメントを行い、自分がつながっている回線の最大パケットサイズに合うよう小さく分割します。

では、実際にどの程度の大きさのパケットを送ることができるかを調べてみましょう。

pingコマンドは、標準でパケットサイズが64バイトになっています。このサイズは、**-lオプション**で変更できます。また、**-fオプション**を付けることにより、フラグメントを禁止することができます。

ためしに筆者の環境でpingコマンドを使い、www.dtg.jpに向かって1426バイトのパケットをフラグメント禁止で送ってみたところ、返事がありました（**図6-8**）。

TIPS
ここでの1426と1427というパケットサイズは筆者の環境での数字です。回線などによってこれらの数値は変動します。また前述のIPv4環境の値とは異なり、IPv6が使える環境では筆者の場合1406と1407となり、IPのバージョンによっても変化します。

●**図6-8　サイズ 1426 バイトのパケットを送信（フラグメント禁止）**

```
PS C:\Users\tcp> ping -f -l 1426 www.dtg.jp

dtg.jp [49.212.180.170]に ping を送信しています 1426 バイトのデータ:
49.212.180.170 からの応答: バイト数 =1426 時間 =13ms TTL=52
49.212.180.170 からの応答: バイト数 =1426 時間 =11ms TTL=52
49.212.180.170 からの応答: バイト数 =1426 時間 =12ms TTL=52
49.212.180.170 からの応答: バイト数 =1426 時間 =12ms TTL=52

49.212.180.170 の ping 統計:
    パケット数: 送信 = 4、受信 = 4、損失 = 0 (0% の損失)、
ラウンド トリップの概算時間 (ミリ秒):
    最小 = 11ms、最大 = 13ms、平均 = 12ms
```

　ところが、パケットサイズを1427バイトに拡大すると、こんどはエラーメッセージが表示されます（**図6-9**）。

●**図6-9　サイズ 1427 バイトのパケットを送信（フラグメント禁止）**

```
PS C:\Users\tcp> ping -f -l 1427 www.dtg.jp

dtg.jp [49.212.180.170]に ping を送信しています 1427 バイトのデータ:
192.168.2.1 からの応答: パケットの断片化が必要ですが、DF が設定されています。
パケットの断片化が必要ですが、DF が設定されています。
パケットの断片化が必要ですが、DF が設定されています。
パケットの断片化が必要ですが、DF が設定されています。

49.212.180.170 の ping 統計:
    パケット数: 送信 = 4、受信 = 1、損失 = 3 (75% の損失)、
PS C:\Users\tcp>
```

　図6-9のように「パケットの断片化が必要ですが、DFが設定されています。」というメッセージは、-fオプションを指定したことによるものです。また結果行の1行目の先頭には「192.168.2.1 からの応答:」とあってルータからのメッセージであることがわかります。

　つまり、断片化（フラグメント）が必要にもかかわらず、オプションで禁止されているという意味です。したがって、パケットはサーバーまで到達せず、返事もこない状態になっています。

　では、同じ1427バイトのパケットを送る際に、フラグメント許可してみましょう。-fオプションを付けずに試してみると、返事があることが確認できます（**図6-10**）。

●**図6-10　サイズ1427バイトのパケットを送信（フラグメント許可）**

```
PS C:\Users\tcp> ping -l 1427 www.dtg.jp

dtg.jp [49.212.180.170]に ping を送信しています 1427 バイトのデータ:
49.212.180.170 からの応答: バイト数 =1427 時間 =12ms TTL=52
49.212.180.170 からの応答: バイト数 =1427 時間 =12ms TTL=52
49.212.180.170 からの応答: バイト数 =1427 時間 =12ms TTL=52
49.212.180.170 からの応答: バイト数 =1427 時間 =12ms TTL=52

49.212.180.170 の ping 統計:
    パケット数: 送信 = 4、受信 = 4、損失 = 0 (0% の損失)、
ラウンド トリップの概算時間 (ミリ秒):
    最小 = 12ms、最大 = 12ms、平均 = 12ms
```

これにより、筆者の環境からwww.dtg.jpへ、pingコマンドを使って1426バイトまでのパケットをフラグメンテーションせずに送信できることがわかりました。しかし上記はIPv4の場合で、筆者のIPv6環境では図6-10は1427どころか1426でもタイムアウトします。これはWindows10/11ではIPv6が使える環境ではIPv6の使用が優先されますがIPv6においてはルーターはフラグメントしないことになっていますので、今回のようにWindows端末からサイズ指定をした場合はどこもフラグメントしないためにサーバーまでpingのリクエストが届かず、その結果応答が得られないためにタイムアウトします。つまり、IPv4を指定するかIPv6でも応答が得られるようパケットサイズを小さくする必要があります。IPv4の使用を強制するオプションはpingに引数やオプション無しで実行して調べてみましょうしょう。

● 途中にいくつルーターがあるか

経路の途中でいくつのルーターを経由しているかは、tracertコマンドで調査できます。調査方法については本書の3章で解説していますので、必要に応じて82ページを確認してください。

TIPS

pingの宛先を自分自身、つまり127.0.0.1にしてフラグメント禁止するとどれくらいまでパケットを大きくできるか試してみましょう。Windows 11とmacOSとLinuxでそれぞれ可能な最大値は違いましたし、同じLinux同士でもディストリビューション（Linuxの頒布形態で、Debian系、Red Hat系がメジャーです）によっても異なるので、いろいろな種類のOSやバージョンなどで試してみましょう。また、どうして127.0.0.1だと1518より大きくできるかも考えてみましょう。

TIPS

今回調査しているフラグメントせずに送れる最大パケットサイズを調べる行為をPath MTU discoveryと呼びます。ICMPの取り扱いの設定が誤っているとPath MTU discovery ブラックホールという現象が発生することがあります。原因や対処など検索サイト等で調べてみましょう。

TIPS

macOSとLinuxでは、tracerouteです。

COLUMN ☕

IPv4 と IPv6 の違い

本文で体験した通り、IPv4においては、禁止されていない限りルーターが必要に応じてパケットをフラグメントします。

その一方で、IPv6の場合には、通すことのできる最大パケットサイズを事前に調べておき、送出側がパケットサイズを調整することになっています。その際にも、ユーザーには見えない裏側で、今回のようなICMPによる調査が行われています。

6-3-2 ▷ パケットの生存期間を体験

TIPS

ルーターの数は環境によって
変わります。手元で確認しな
がら数値を調整しましょう。

今度は、パケットの生存時間——すなわちTTL（Time To Live）について
体験してみましょう。TTLは、ルーターを通過するたびに1つずつ減っていく
ことはすでに解説しました。そこで、まずはwww.dtg.jpまでtracertコマンド
を実行し、途中にあるルーターの数を調べてみます（**図6-11**）。

●**図6-11　tracert で途中のルーターの数を調べる**

```
PS C:\Users\tcp> tracert www.dtg.jp

dtg.jp [49.212.180.170] へのルートをトレースしています
経由するホップ数は最大 30 です:

  1    <1 ms    <1 ms    <1 ms   192.168.2.1
  2     3 ms     3 ms     3 ms   i118-21-171-74.s99.a049.ap.plala.or.jp [118.21.171.74]
  3     6 ms     6 ms     8 ms   118.21.171.117
  4     6 ms     5 ms     6 ms   118.21.174.85
  5    12 ms     8 ms     5 ms   i118-21-178-45.s99.a049.ap.plala.or.jp [118.21.178.45]
  6    24 ms    26 ms    24 ms   211.6.91.173
  7     5 ms     5 ms     6 ms   122.1.245.69
  8     7 ms     6 ms     6 ms   ae-6.r02.tokyjp05.jp.bb.gin.ntt.net [120.88.53.21]
  9     6 ms     5 ms     5 ms   ae-3.r31.tokyjp05.jp.bb.gin.ntt.net [129.250.3.29]
 10     *       13 ms    13 ms   ae-3.r27.osakjp02.jp.bb.gin.ntt.net [129.250.7.81]
 11    15 ms    16 ms    15 ms   ae-2.r02.osakjp02.jp.bb.gin.ntt.net [129.250.2.128]
 12    12 ms    13 ms    12 ms   ce-0-8-0-0.r02.osakjp02.jp.ce.gin.ntt.net [61.120.147.26]
 13    13 ms    13 ms    13 ms   osnrt101b-hrt1.bb.sakura.ad.jp [157.17.153.2]
 14    14 ms    14 ms    14 ms   osnrt103e-nrt101b.bb.sakura.ad.jp [157.17.149.26]
 15    14 ms    14 ms    14 ms   www2730.sakura.ne.jp [49.212.180.170]

トレースを完了しました。
PS C:\Users\tcp>
```

図6-11の結果を見ると、15段目に到達していることがわかります。そこで、
pingで送るパケットのTTLをたとえば13にして、相手先まで到達できないこ
とを確認してみます。

TIPS

図6-11をよく見ると9段目と
10段目で大きく時間が違いま
す。ホスト名を信じるなら文字
列中のtokyjpとosakjpとあ
るので、日本の東京と大阪の
ように読めますから東京近辺
から調査している筆者の経路
はいったん東京方面に行って
から大阪方面に向かっている
ようでこの東京大阪間が大き
な時間差を生んでいると考え
られます。その先も大きな時
間差がないところからwww.
dtg.jpは大阪近郊にあると考
えてもよさそうです。

この場合、pingの-iオプションに続けて13という数字を与え、コマンドを実行します（**図6-12**）。

TIPS

IPv6が使える環境ではtracertでもIPv4を使用を強制した場合とでは結果も段数も違います。いろいろ試してみましょう。tracertも引数やオプション無しで実行するとどういったものが使えるかわかります。

●**図6-12　TTL を 13 にして ping を実行**

```
PS C:\Users\tcp> ping -i 13 www.dtg.jp
dtg.jp [49.212.180.170]に ping を送信しています 32 バイトのデータ:
157.17.153.2 からの応答: 転送中に TTL が期限切れになりました。
157.17.153.2 からの応答: 転送中に TTL が期限切れになりました。
157.17.153.2 からの応答: 転送中に TTL が期限切れになりました。
157.17.153.2 からの応答: 転送中に TTL が期限切れになりました。

49.212.180.170 の ping 統計:
    パケット数: 送信 = 4、受信 = 4、損失 = 0 (0% の損失)、
```

すると「129.250.3.199からの応答：転送中にTTLが期限切れになりました」というメッセージが表示されます。これは、途中のルーター（今回の例では157.17.153.2）からの「到達できませんでしたよ」というお知らせです。

ここで、もう一度**図6-11**を見てください。最終目的地の手前、13段目に「157.17.153.2」というIPアドレスがあります。つまり、13段目のルーターからのお知らせだったのです。

では同じようにして、TTL を15よりも大きな18にして、pingを実行してみます（**図6-13**）。今度は無事に到達できましたね。

●**図6-13　TTL を 18 にして ping を実行**

```
PS C:\Users\tcp> ping -i 18 www.dtg.jp

dtg.jp [49.212.180.170]に ping を送信しています 32 バイトのデータ:
49.212.180.170 からの応答: バイト数 =32 時間 =11ms TTL=52
49.212.180.170 からの応答: バイト数 =32 時間 =11ms TTL=52
49.212.180.170 からの応答: バイト数 =32 時間 =11ms TTL=52
49.212.180.170 からの応答: バイト数 =32 時間 =11ms TTL=52

49.212.180.170 の ping 統計:
    パケット数: 送信 = 4、受信 = 4、損失 = 0 (0% の損失)、
ラウンド トリップの概算時間 (ミリ秒):
    最小 = 11ms、最大 = 11ms、平均 = 11ms
```

要点整理

✔ IPの仕組みだけでは、経路上の問題が理由で届かない場合にそれを検出することができない

✔ ICMPは経路上の問題点を見つけたり、調整したりするために作られた

✔ pingコマンドやtracertコマンドは、ICMPを使って人間が経路情報を知るためのプログラムである

✔ パケットの寿命を表すTTLを見ることで、経由するルーターの数を知ることができる

✔ パケットサイズを規定し、フラグメンテーション禁止にすることで、経由する全経路を通せる最大パケットサイズを知ることができる

問題1. **pingについて、正しいか誤っているか判定してください。**

正・誤
□　□　①pingは、HTTP（Hyper Text Transfar Protocol）を使いやすく改良したプロトコルである

□　□　②pingで応答（reply）が無い場合、相手は存在しない

□　□　③ホームページサーバーからpingの応答（reply）があるときは、ホームページを見られる

問題2. **経路調査について、 ☐☐☐☐☐ 内に適切な文字や数字を入れてください（使うOSはWindows）。**

a. www.dtg.jpというwebサーバーへの経路を調べるには、ターミナルで ☐①☐ www.dtg.jpを実行する

b. www.dtg.jpというwebサーバーに送るpingパケットの生存時間をルーター5段分にするにはping ☐②☐ 5 www.dtg.jpとする

c. 1440バイトのパケットが、フラグメンテーションせずにwww.dtg.jpに届くか確認するには、ping ☐③☐ -l ☐④☐ www.dtg.jpとする

問題3. **サーバーへの経路を調査するにあたって、正しい数字や記号を記入または選択してください（使うOSはWindows）。**

サーバーまで本当につながっているかどうか確認するために、［①　（イ）ping（ロ）pong　（ハ）pang　（ニ）pung］コマンドを使う。サーバーとの間にルーターが何段くらい挟まっているか確認するには、［②　（イ）keiro　（ロ）route　（ハ）traceroute　（ニ）tracert］コマンドを使う。

プロトコルという約束事

ネットワークでデータをやりとりする際に必要となる、手順や規則をまとめたものをプロトコルと呼びます。HTTP、FTP、POPなど、さまざまなプロトコルの名前を聞いたことのある方も多いのではないでしょうか。本書でこれまでに学んできた、IP、TCP、UDP、ICMPといった数々の技術も、もちろんプロトコルの一種です。

本章では、まずプロトコルの役割、サーバーとクライアントの役割について学んでいきます。また、HTTPやtelnetなど、ネットワークでよく使われるプロトコルについても紹介します。

7-1 本章で学ぶこと

ネットワーク上のデータのやりとりで重要な役割を果たしている、プロトコルについて学んでいきます。プロトコルがあることで、さまざまなソフトウェア同士で正しくデータをやりとりできまです。

7-1-1 ▶ プロトコル

　本章では**プロトコル**（protocol）について学びます。TCPのP、IPのP、HTTPのPなどなど、ネットワークの省略語でPが最後にくるとき、多くの場合はプロトコルのPです。プロトコルは一般的には規約と訳されます。ネットワーク通信におけるプロトコルは、手順だと理解して良いでしょう。8章で学ぶ階層構造のそれぞれのレイヤーに多くのプロトコルがありますが、本章ではアプリケーションレベルでのプロトコルを学んで体験します（**図7-1**）。

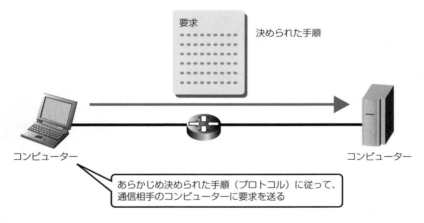

●**図7-1　手順に従ってサーバーに要求**

7-2 サーバーとクライアント

プロトコルについて知るうえで大切な考え方の1つに、サーバーとクライアントがあります。ここでは、サーバーとクライアント、そしてプロトコルの役割について学びます。

7-2-1 ▷ サーバーとクライアントの役割

　ユーザーのために何かをしてくれる仕組みを**サーバー**（server）と呼びます。サーバーに仕事をしてもらうために要求を出す側を**クライアント**（client）と呼びます。

　サーバーは、クライアントの要求に応じてサービスを提供します。ここでのサービスとは、たとえばホームページデータの提供や、電子メールの引き渡しなどです。

　このとき、サーバーとクライアントがやりとりするための決められた手順を**プロトコル**と呼びます。クライアントはプロトコルに従って要求を送り、サーバーもプロトコルに従って返答します（**図7-2**）。

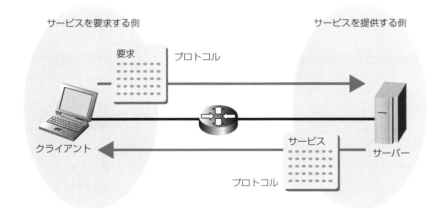

●図7-2　サーバー・クライアント・プロトコル

TIPS

サーバーとクライアントを組み合わせた仕組みを「クライアント・サーバーシステム」と呼びます。通常、サーバーは計算能力やデータなどを集中管理しています。これらは「情報資源」「リソース」と呼びます。

7-2-2 ▶ ソフトウェアに見る役割の範囲

　サーバーは、5章で解説したポート番号の窓口でクライアントからの要求を待っています。それぞれのポート番号に対して、適切なプロトコルで要求を出せば、結果が返ってきます。

　逆に、異なるポート番号に対してサービスを要求した場合や、ポート番号が正しかったとしてもプロトコルが間違っていた場合には、要求はかなえられません（**図7-3**）。

TIPS

5-5-2で実験した81番のポートにホームページデータを要求しても返事がなかったのは、サーバーが待ち受けしていたポート番号80とは違っていたからです。

TIPS

HTTP/2は従来のHTTPと互換性を保ったまま、サーバーとクライアントが対応していれば、同時ダウンロード・優先制御・ヘッダー圧縮・フロー制御などを使って、短時間にやりとりができることを目指した新しいHTTPの仕様です。

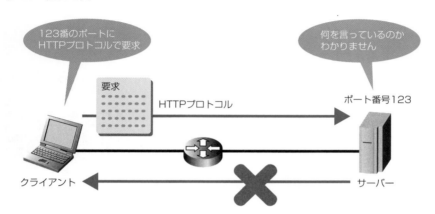

●図7-3　異なるポートにサービス要求をした場合

　たとえば、ポート番号123ではNTP（Network Time Protocol）のサーバーが待機しています。NTPは、ネットワークに接続されている機器と正しい時刻に同期するためのプロトコルで、UDPで通信をします。

　もしここで、ポート番号123に対して、ホームページのデータを要求するプロトコル（HTTPと呼ばれます）でデータを要求したとしても、NTPのサーバーは理解できません。

TIPS

NTPはRFC 1305で定義されています。NTPはWindows XP以降で実装され、インターネット経由での時刻合わせのために利用されます。macOSやLinuxでも使われています。RFCについては204ページのコラムを参照してください。

7-3 telnet

ここからは、ネットワークで使われるプロトコルについて学んでいきましょう。最初に学ぶのは、ネットワークを介してサーバーなどを操作するためのtelnetです。

7-3-1 ▶ telnetとは

telnet（Telecommunication network）は、一般的にはテルネットと呼ばれることが多いようです。本書でもテルネットと表記します。Windowsでは、古くからtelnetクライアントソフトが標準で用意されています。

インターネットでサービスを提供するサーバーは、UNIXやLinuxといったOSが主流です。こうしたOSには、物理的に離れていてもネットワークを介して操作するための仕組みである**仮想端末**があります。

telnetは、ネットワーク上のサーバーを仮想端末から操作できるようにするソフトウェアの名前であり、また操作するためのプロトコルをいいます。

手元のコンピューターで動作するソフトがtelnetクライアント、仮想端末で入力されたキーボードの文字を受け取って操作される装置へ渡すソフトがtelnetサーバーです（**図7-4**）。

TIPS

テレネットと発音する人もいます。

TIPS

標準的なtelnetクライアント以外にも、Tera TermやPuTTYといった便利なクライアントソフトがあります。

7

プロトコルという約束事

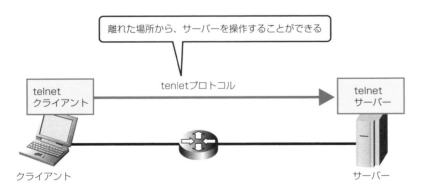

●図7-4　telnetクライアントとtelnetサーバー

telnetプロトコルでは、すべての通信が暗号化されずに送られます。そのため、安全性などの観点から現在ではtelnetの使用は、限られた範囲だけで操作できるように設定されることが多く、使用場面は減っています。

7-3-2 ▶ telnetのポート番号

telnetサーバーは、通常ポート23で待ち受けています。ほとんどのtelnetクライアントは、ポート番号を23以外も指定できます。

ポート番号を23以外にすることで何ができるのか、疑問に思う方がいるかもしれません。実は、telnetクライアントで23番以外のポートに要求を送ることで、そのポートを利用するプロトコルによるやりとりを実際に試すことができるのです。本章の後半では、実際にtelnetクライアントを使って、HTTPによるやりとりを試してみます。

TIPS

telnetはパスワードをネットワークに平文（暗号化しない誰でも読み取れる状態）で流します。経路上のデータをのぞき見されるとパスワードがバレてしまいます。そこで、SSHは暗号化通信で置き換えるように作られました。他に、ネットワークをまたいだホスト間でのファイルコピー用のコマンドで暗号化なしのrcpを代用する暗号化するscpや、FTP（暗号化なし）を代用するためのsftp（暗号化あり）も用意され、SSHで実現しています。

COLUMN ☕

HTTPとHTTPS

HTTPは初期インターネットの通信として一般的でした。HTTPは暗号化をしないプロトコルです。HTTPは通信がセキュア（安全）ではないため、HTTPに暗号化を行うHTTPSが主流となりました。HTTPもHTTPSもブラウザを使うユーザーからはほぼ同様に利用できます。

HTTPSが使われ始めたころは普通のデータはHTTPでやりとりして、経路の途中でのぞき見されたときに困る情報、たとえばネットバンキングやホテル・施設の予約、個人の情報、こういったデータは暗号化したいのでHTTPSを使うというスタイルでした。しかし今はすべてのページの通信をHTTPSを使うことが一般的になりつつあります。

7-4 DNS

DNSは、IPアドレスとホスト名などを変換するためのシステムです。ここではDNSの役割と仕組みについて学んでいきましょう。

　DNS（Domain Name System）は、人間にとってわかりやすいホスト名などの文字列と、人間が覚えにくいIPアドレスとを変換する機能を担うシステムの名前です。また、その過程で使われるプロトコルを指します。

　DNSは名前から電話番号を教えてくれる電話帳の仕組みにたとえられることが多いです。電話帳と同様、技術評論社のホームページサーバーの名前「www.gihyo.jp」とIPアドレス「160.16.113.252」を変換します。

　TCP/IPで通信するコンピューターは、IPアドレスを宛先にしてデータのやりとりを行います。ところが、IPアドレスは人間にとっては非常に覚えにくいものです。数字を見て「IPアドレスだな」ということはわかるでしょうが、1つ1つ「どのサーバーのものか」などと覚えてはいられません。

　そこで、この2つを変換するサービスが必要になりました。その機能を実装しているのがDNSサーバーです（**図7-5**）。

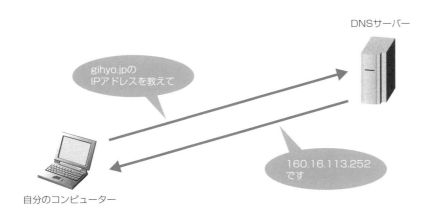

●**図7-5　DNSの役割**

　DNSの特徴は、分散管理であることです。会社や団体ごとに、組織の種類ごとに、国ごとにそれぞれが分散した階層構造をしています（**図7-6**）。

 TIPS

DNSは、ディーエヌエスと読むことが多いです。省略せずに、ドメインネームシステムと読む人もいます。

TIPS

IPアドレスからの変換の過程の仕組みをうまく利用した「DNSラウンドロビン」という方法で負荷分散が可能です。IPv4では多く用いられましたが、IPv6ではあまり使用されず、他の方法が選ばれることが多いです。

TIPS

あまりIPアドレスでホームページにアクセスする人はいませんね。可能であっても、通常はwww.gihyo.jpのようなURLを利用してアクセスします。IPアドレスは、筆者が調べた時には160.16.113.252であっても、読者が調べるときには別のサーバーのアドレスになっているかもしれません。ブラウザーに過去のIPアドレスを入力してアクセスすることはやめておいたほうが良いでしょう。ブラウザーのアドレス欄には必ず現在のIPアドレスを入れるようにしましょう。なお、IPアドレスでアクセスされたときと、名前ベース（たとえばwww.gihyo.jp）でアクセスしたときとで挙動が違うことがあります。

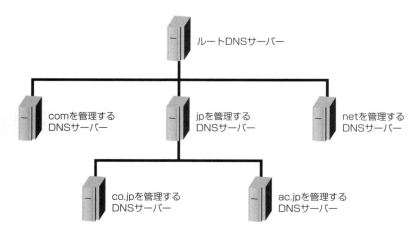

ルートDNSサーバー

comを管理する
DNSサーバー

jpを管理する
DNSサーバー

netを管理する
DNSサーバー

co.jpを管理する
DNSサーバー

ac.jpを管理する
DNSサーバー

●図7-6　DNSの階層構造

7-4-1 ▶ IPアドレス告知の仕組み

　一般にリゾルバー（名前解決サーバー）は名前解決（名前からIPアドレスへの変換）をするDNSクエリ（名前解決をDNSサーバーに依頼すること）を、ユーザからの問い合わせに応じて、権威DNSサーバー（管理しているドメインのIPアドレスを持っているサーバーでコンテンツサーバーともいいます）へ代行して問い合わせて、ユーザへ回答します。権威DNSサーバーは有効期限付きで回答します。リゾルバーは有効期限内に受けた問い合わせは、権威DNSサーバーに問い合わせを行わず、有効期限が過ぎている場合には新たに問い合わせを行い、この機能からキャッシュサーバーとも呼ばれます。こういった働きにより、利用者はサーバー等の名前が同じでIPアドレスが変更になっても、その変更を意識せずに済みます。

　最近では、動的にIPアドレスと名前を紐付ける仕組みも一般的になってきました。こうした仕組みをダイナミックDNSと呼びます。

7-4-2 ▶ nslookup

DNSサーバーに問い合わせ、名前（ドメイン名）からIPアドレスへ変換するコマンドがあります。これを**nslookup**といいます。

nslookupの引数にwww.gihyo.jpを渡して、実行してみましょう（**図7-7**）。

TIPS

権威DNSサーバーの応答がなくなると名前解決ができなくなるので、非常に困ったことになります。対策として多くはネットワーク的に離れたところに予備のサーバーを用意しています。大元をプライマリDNSサーバーと呼び、予備のサーバーをセカンダリDNSサーバーと呼びます。セカンダリDNSサーバーは自身で情報を持っていないので一定時間ごとにプライマリDNSサーバーに対して、ゾーン転送（ドメイン情報全体を取得）をして最新の情報へ更新しています。

TIPS

WindowsのDNS設定やコマンドプロンプトで表示される「DNSサーバー」は厳密にはリゾルバー（名前解決サーバー）であり、キャッシュサーバーのことです。

TIPS

WindowsでのIPアドレスのプロパティの設定項目の中にあるDNSサーバーはリゾルバーのことです。Linuxの場合は/etc/resolv.confに設定します。

●図7-7　nslookup コマンドで名前から IP アドレスへ変換

```
PS C:\Users\tcp> nslookup www.gihyo.jp
サーバー: eagle.asahi-net.or.jp
Address:  202.224.32.1

権限のない回答:
名前:      www.gihyo.jp
Addresses:2606:4700:10::ac43:160f
          2606:4700:10::6816:3bfb
          2606:4700:10::6816:3afb
          104.22.59.251
          172.67.22.15
          104.22.58.251
```

TIPS

権限のない回答というのは、権限のあるサーバー（権威DNSサーバー）に聞いたわけではなくて、プロバイダーなどがユーザーに指定する名前解決のためのキャッシュDNSサーバーに聞いて変換したということを示します。Linuxなどに実装されているdigコマンドで権威サーバーを調べることができます。筆者が試したときにはbill.ns.cloudflare.comであることがわかりました。したがって、Windowsで「nslookup www.gihyo.jp bill.ns.cloudflare.com」と実行すると、権限のない回答という文は表示されなくなります。

TIPS

digはCentOS Stream 9ではyum install bind-utils、Ubuntu 22.04ではsudo apt -get install dnsutilsでインストールできます。

TIPS

図7-7のLinuxのdigコマンドでIPアドレスを調べる（dig -x 172.67.22.15）とwww.gihyo.jpはCDN上のサーバが参照されることがわかります。

7

プロトコルという約束事

COLUMN

nslookupコマンドとdigコマンド

　Linuxにおいてもnslookupコマンドは利用可能です。しかし、実際にはdigコマンドを使うことが推奨されています。

　nslookupコマンドのほうが結果を見やすいですが、DNSサーバーから得た回答を加工して表示しているため、本来の情報がわからないことがあります。一方のdigコマンドは、サーバーから得た回答をほぼそのまま表示するので、慣れないと見づらい反面、細かいところまで確認できます。

　なお、Windowsに標準でdigは実装されていません。

CDN

　CDN（content delivery network）は日本ではコンテンツデリバリネットワークと書かれることが多いですが、コンテンツのところは英語では単数です。Webサービスが一般的になるにつれ、情報提供者たるサーバへの負荷集中による利用不可、応答時間が長くなるなどの害が目立つようになってきました。仕組み側ではDNSラウンドロビンやロードバランサーなどによる並列化などでアクセスを振り分けてWebサイトのパフォーマンスを向上をしてきました。近年はCDNと呼ばれるしくみで大規模なものでは世界中に配置されたキャッシュサーバで、ユーザからはネットワーク的に近いところから配信するようにつくり、配信時間や応答時間の短縮、サーバおよびユーザまでの長距離ネットワークの負荷の低減などをねらったものが一般的になりました。副次的にCDNを使うことで、採用しているサーバは攻撃に強くなり、また災害などのアクセス集中時でもサーバの負荷が上がらないので、台風襲来時に自治体のホームページがアクセス集中時であってもいつも通りに見えるという効果などもありました。他にもゲームやアプリのセキュリティアップデート配信、新しいデータや動画の配信などにも使われています。

　一般のテレビ放送やケーブルテレビなどをMVPD(Multichannel Video Programming Disributors)と呼び、virtualなvMVPDやFAST（Free Ad-supported Streaming TV）は米国のサービスとしては「Hulu Live」「YouTube TV」「Sling」や「DIRECTV NOW」日本のサービスとしては「d-TV」や「AbemaTV」などの現在放映している番組を視聴できるストリーミングもあれば、独自の内容を扱っていて画質は一部はテレビ放送と遜色ないほどのものもあり、独自の環境で放送を流しています。これらのいわゆるコンテンツ（音声や画像を含む動画や放送内容）を流す仕組みにはCDNが欠かせません。

7-5 HTTP

HTTPは、ホームページの表示に使われるプロトコルです。ここでは、HTTPの役割について学ぶとともに、サーバー、ブラウザー、HTTPの関係について見ていきます。

7-5-1 ▷ HTTPとは

HTTP（HyperText Transfer Protocol）とは、ハイパーテキスト（HyperText）を転送（Transfer）するためのプロトコル（Protocol）です。ホームページのデータをやりとりするために用いられているので、名前を聞いたことのある人も多いでしょう。

HTTPは、ホームページを作るためのHTMLで書かれたファイルや、画像、音声、動画などのデータ（コンテンツと呼ばれます）の送受信に使われます。HTTPのクライアントがサーバーに対して要求し、サーバーはクライアントに対して要求されたコンテンツを送るという形で動作します（図7-8）。

TIPS
HTMLはHyper Text Mark up Languageの略です。

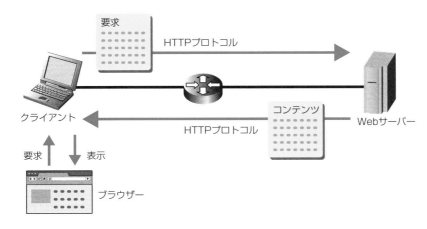

●図7-8　サーバー、ブラウザー、HTTPプロトコル

7-5-2 ▶ ブラウザーとは

代表的なHTTPクライアントが、皆さんにもおなじみのブラウザーです。

ブラウザーは、HTTPのサーバーに対して、「このページのコンテンツがほしい」といった要求を行います。サーバーとブラウザーは、HTTPプロトコルを使ってやりとりを実現しています。

加えて、ブラウザーは受け取ったHTMLデータを見て、題名や段落構造などを解釈して整形し、画面に表示します。かつては、画像や音声、動画などは別のソフトを使って見ていましたが、最近のブラウザーであればこれらもまとめて表示できます。

つまりブラウザーは、HTTPを解釈してサーバーとのやりとりを行う役割だけでなく、受けったデータを整形して画面に表示するという、両方の役割を担うソフトなのです。

COLUMN ☕

ハイパーテキスト

　ハイパーテキストとは、複数の文書を関連付け結び付けるための仕組みです。「テキストを超える」、すべて日本語にすれば「超文書」といったところでしょうか。コンピューター時代ならではの文書です。私たちにとって最も身近なハイパーテキストの実装は、World Wide Web——本書ではホームページと呼んでいる文書です。

7-5-3 ▶ 進化するHTTP

HTTPにはバージョンがあります。7-7で実験しますが、その作業中に「HTTP/1.1」という文字列がでてきます。スラッシュ「/」の後ろの1.1がバージョン番号です。2015年の標準化規格として制定後からHTTP/2が増え、今やかなりのサイトが対応しています。さらには2022年6月にはHTTPの最新バージョンとしてHTTP/3が新しい標準として登場しました。

HTTP/1.1では順次処理するようなスタイルで課題を抱えていました。つまり遅かったわけです。HTTP/2では反省して同時に複数のリクエストを出すことができるようになりました。HTTP/3では暗号化とさらに高速化を目指し多重リクエストが使えるQUIC（クイックと読みます）を採用し、高速化しました。QUICはTCPの機能をUDPで達成するためにいくつかの機能を担当し、暗号化にTLSを使用しています。なお、近年ではセキュリティなどの観点

TIPS

ホームページのブラウザー、Webブラウザーなどとも表記します。Windows11ではMicrosoft Edgeが標準で利用されます。

TIPS

　QUICはトランスポート層（L4）の通信プロトコルで、TCPのような信頼性を高速化の期待できるUDPで実現します。暗号化やTCPが持っていた再送の制御などを取り込んで信頼性をあげています。RFC8999〜9002で標準化されています。

TIPS

SSL(Secure Sockets Layer)/TLS(Transport Layer Security)はデータの暗号化や改ざんを防止して保護するプロトコルです。このプロトコルはTLSが正式名称ですが、初期のバージョンではSSLという名前で定着したのでSSL/TLSと併記することが多いです。サーバがホンモノであるかは第三者が発行するSSL証明書で行いますが、目的がデータ保護だけであれば自分で証明書を発行してしまういわゆるオレオレ証明書でも可能です。
HTTPSの場合、ブラウザで証明書の確認ができ、方法はMicrosoft Edgeの場合「アドレスバーの錠前マーク→接続がセキュリティで保護されています→証明書アイコン」で、Google Chromeの場合「アドレスバーの錠前マーク→この接続は保護されています→証明書は有効です」となります。証明書ウィンドウでは証明書を発行している会社、どこ向けに発行しているか、いつまで有効かなどが確認できます。ブラウザーのバージョンによっては一部表示が異なります。

からHTTP/3に限らず、HTTPSの利用が広まっています。

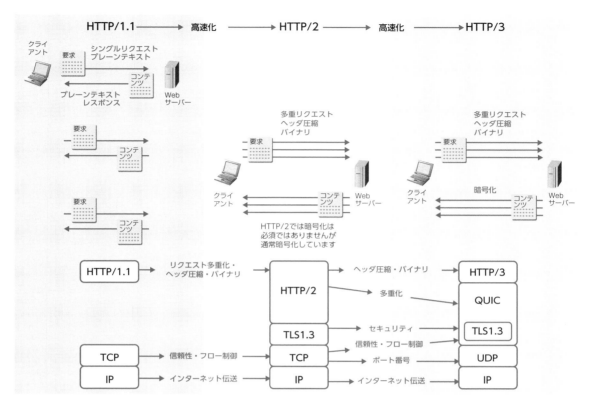

●図7-9　HTTPの変遷

7-6 URLに見るプロトコル

ブラウザーを使ってホームページを見るとき、URLを入力します。このURLには、プロトコルをはじめとしたさまざまな情報が含まれています。

7-6-1 ▷ URLとは

URL（Uniform Resource Locator）は、インターネット上に存在するファイルの場所を統一的に示す記述方式です。URLは、URI（Uniform Resource Identifier）という考え方の一部です。現在では正しくはURIと述べるべきですが、URLが一般的に使われているので、本書でもURIの一部としてのURLを使用します。

URLは、一般的にはホームページのデータのありかを示す方法として知られています。一方のURIでは、ホームページ用のデータ転送方法以外にも、FTP（File Transfer Protocol）など他のデータ転送方法の記述も含まれます。

7-6-2 ▷ http:// 〜の意味

URIとして見ると、「http://www.example.co.jp/data/test.html」は「http」と「//以降」に分けられます。分けるための記号は**コロン**「:」です。

「http」の部分は、「URLで示されるデータは、HTTPプロトコルを使ってサーバーとやりとりできる」ことを示しています。

一方の「//以降」は、サーバーの名前とサーバー上の場所を指します。つまり、「www.example.co.jp」というサーバー上の「dataディレクトリ」にある「test.html」というファイルを指します（**図7-10**）。

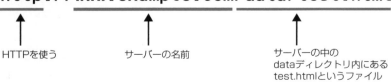

http://www.example.com/data/test.html

HTTPを使う　　　サーバーの名前　　　サーバーの中の
　　　　　　　　　　　　　　　　　dataディレクトリ内にある
　　　　　　　　　　　　　　　　　test.htmlというファイル

●図7-10　URLの解釈

TIPS

本書では、ブラウザーで表示される文書データ一般をホームページと表記しています。

TIPS

ホームページのホームは正しくは日本語でいうところの本拠のことです。スポーツでいうホームグラウンドや自分の街をホームタウンと呼ぶときのホーム同様です。利用者側はブラウザを起動したときに最初に表示されるページがホームページであることがほとんどでしょう。また提供者側はウェブサイトで表示される最初のページや代表ページであることが多いでしょう。

TIPS

URIの一般的書式については、RFC 3986が正式に仕様として規定されています。

TIPS

HTTPSの場合はhttps://〜から始まります。見かけることは少ないですが、プロトコルがFTPの場合はftp://〜、POP3の場合はpop3://〜というように記述します。Microsoft EdgeやGoogle ChromeなどブラウザでのHTTPSのページはアドレスバーの錠前のマークで保護されていることを表現しています。

7-7 実験してみよう

telnetを使うと、さまざまなプロトコルの動作を確認することができます。ここでは、telnetコマンドを使ってHTTPプロトコルの動作を体験していきましょう。

7-7-1 ▷ telnetで80番ポートに接続

では、Windowsのtelnetクライアントで実験してみましょう。今回の例では、www.dtg.jp、ポート番号80を引数とします（**図7-11**）。

●図7-11 telnet クライアントでアクセス開始

```
Windows PowerShell
Copyright (C) Microsoft Corporation. All rights reserved.

PS C:\Users\tcp> telnet www.dtg.jp 80
```

●図7-12 telnet コマンド実行中に入力する文字

```
GET / HTTP/1.1 Enter
Host: www.dtg.jp Enter
Enter
```

画面はいったん真っ暗になりますが、気にせずキーボードから**図7-12**の文字を打ち込みましょう。このとき大文字は大文字として、小文字は小文字として表記と同じように入力してください。

入力中、文字は画面上に表示されません。すべて入力し終わったら Enter キーを2回押します。すると文字が表示されます。

表示された内容が上方に流れていってしまったら、画面をスクロールして最初のほうを見てみましょう（**図7-13**）。

TIPS

Windowsでtelnetを使用するためには0-4の作業が必要です。

TIPS

telnetはポート番号を指定しないとデフォルトポートとして23が使用されます。

TIPS

大文字と小文字を区別しないサーバーもありますが、通常のサーバーは区別します。

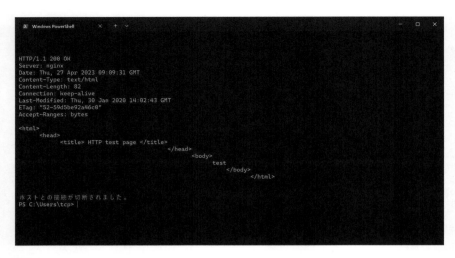

●図7-13　[Enter] キーを2回押した後に表示される画面

TIPS

ここで改行がおかしな表示なの
は、このテストページのファイル
がLinux上で作成されたからで
す。通常、Windowsでは改
行時にCRとLFという二つの
コード（改行コード）を送っていま
す が、macOSやLinuxで は
LFだけを使うことが一般的で
す。厳密にはCRは行頭復帰、
LFは改行（一行送り）の意味を
持ちます。macOSやLinuxは
改行だけで、次の行の先頭に
なりますが、Windowsでは改
行だけ行われて、行頭復帰が
行われていません。

改行が妙だったり、一見意味不明な文字列ですが、**図7-13**の上から8行
（HTTP 〜 Content-Typeの行）がヘッダーです。詳しくは次項で説明します。

7-7-2 ▶ Web ブラウザーの仕事を知る

telnetでは原初の方法で体験できますが、毎回見えない中で作業するのも大
変です。そこで、curl.exeという便利なコマンドを利用して詳しく見ていきま
しょう。まずは**図7-14**の0行目のようにcurl.exe -v http://www.dtg.jp/ と入
力して [Enter] キーを押下しましょう。**図7-14**と解説とtelnetの作業で見たも
のと比べてみましょう。

TIPS

cURL(client for URL)はカ
ールと読む人が多いです。URL
を指定して実行し、ファイルをダ
ウンロードして表示したり保存
することができます。HTTPSに
も対応しています。残念ながら
Windows版ではできません
が、Linux版では対象サーバは
HTTPだけに限らずFTP、
SMTP、POP3、IMAP、
TFTP、LDAPなどとSSL/
TLSとの組み合わせのFTPS、
SFTP、FTPS、POP3S、
IMAPS、LDAPSなどにも対応
しています。たとえばcurl -u
'account:password'
pop3://pop.example.jp/で
メールのリストを得て、最後の
番号が13940ならcurl -u
'account:password' pop3
://pop.example.jp/13940と
することでメールを表示するこ
とができます。同じようにftpで
もcurl -u 'account:pass
word' ftp://ftp.example.jp/
でファイル一覧が得られますか
ら、最後にファイル名を記述した
形で実行すれば手元に表示する
ことができます。さらにはLinux
版のcurl/7.68.0ではレスポンス
行を見るとHTTP/2でやり取り
していることも確認できます。

●図7-14　**telnet コマンドで www.dtg.jp にアクセス（行番号は紙面掲載用につけたものです）**

```
0    PS C:\Users\tcp> curl.exe -v http://www.dtg.jp/
1    *    Trying 49.212.180.170:80...
2    * Connected to www.dtg.jp (49.212.180.170) port 80 (#0)
3    > GET / HTTP/1.1
4    > Host: www.dtg.jp
5    > User-Agent: curl/8.0.1
6    > Accept: */*
7    >
8    < HTTP/1.1 200 OK
9    < Server: nginx
10   < Date: Thu, 27 Apr 2023 09:24:31 GMT
11   < Content-Type: text/html
12   < Content-Length: 82
13   < Connection: keep-alive
```

TIPS

macOSやLinuxの場合、curl
-v http://www.dtg.jp/としま
しょう。またオプションの-vを
-vvなどのように増やすとよ
り詳しく情報を表示するようにな
ります。http以外にもhttpsを
指定してみて何が表示されるか
試してみると良いでしょう。

```
14    < Last-Modified: Thu, 30 Jan 2020 14:02:43 GMT
15    < ETag: "52-59d5be92a46c0"
16    < Accept-Ranges: bytes
17    <
18    <html>
19    <head>
20    <title> HTTP test page </title>
21    </head>
22    <body>
23    test
24    </body>
25    </html>
26    * Connection #0 to host www.dtg.jp left intact
```

1行目はDNSサーバーから「www.dtg.jpが49.212.180.170（IPv6が使える環境ではブラケット [ ] でくくられていて[2403:3a00:201:1b:49:212:180:170]のように表示されます）である」と教えられたので接続しているクライアントのメッセージです。

2行目は接続先のサーバー（今回接続したwww.dtg.jp (49.212.180.170)ポート80）と接続できたというメッセージです。

3行目はtelnetで打ちましたね、ホームページのサーバーに対して「トップページにあるデータをHTTPバージョン1.1で送ってください」という要求です。こうした要求をリクエストといいます。

4行目もtelnetで打ったサーバーの名前を改めて「www.dtg.jp」であると指定しています。

5行目はクライアントつまりリクエストを出した側の情報（今回はcurl/8.0.1）をサーバに通知しています。

6行目はディレクティブの指定です。*/*は何でも受け取れるとサーバに通知しています。ここで例えばテキスト（文字情報）を受け取るとか、画像のうちjpegを受け取るなどを通知します。

7行目はリクエストの終わりを意味する空の行でtelnetで試した時に[Enter]キー押し二回分の後半の一回の分です。

8行目からサーバーの応答が始まります。8行目はレスポンス行で「リクエストは成功し、レスポンスとともに要求に応じた情報が返される」という意味です。8行目〜 16行目はHTTPヘッダーです。

17行目はHTTPヘッダーの終わりを意味する空の行です。

18行目以降がいわゆるホームページデータで、ブラウザーのアドレス欄にhttp://www.dtg.jp/としてブラウザーに表示させたときの、ソースと同じデータです。

これらのやりとりをして、データを受け取って、データに記述された文書構造

TIPS

画面上には表示されていませんが、実際には0行目と1行目の間でも名前解決（名前からIPアドレスへの変換）が行われ、経路解決（ルーティングが決定）が行われています。

TIPS

4行目でサーバーの名前を改めて宣言しているのは、同じIPアドレスのサーバー上で複数のホームページサーバーが動いているからです。この技術はvirtualhostといいます。本書では解説を割愛しますが、virtualhostで検索してぜひ調べてみてください。

TIPS

エスケープキャラクターについては、本書では取り上げません。

TIPS

8行目の200 OKは「リクエストは成功し、レスポンスとともに要求に応じた情報が返される」という意味です。この三桁の番号はHTTPステータスコードといい、応答の意味が決められています。他にもSMTP、FTP、SIPなどがこういった三桁の応答コードを持ちます。

を規定に従い整形して表示するソフトウェアがWebブラウザーです。ブラウザーでhttp://www.dtg.jp:80/を表示してみましょう。ブラウザの表示画面上で、右クリックして「ページのソース表示」を行うことができます。

　また、入力する文字列をcurl.exe -v http://www.dtg.jp/abc.htmlとしてみましょう。説明の8行目にあったレスポンス行がHTTP/1.1 404 Not Foundに変わるでしょう。この「404 Not Found」はHTTPステータスコードと言いIANAが管理しています。意味はそのリクエストに応えるページやリソースが見つからなかったという応答です。ブラウザで普通に見えた時にはたいてい「200 OK」が返っていて、先述の成功例でも出ていました。さて、今度はcurl.exe -v http://www.dtg.jp/xyz.htmlとしてみると「403 Forbidden」が返るでしょう。ブラウザでは200は成功していますので目にすることはほとんどありませんが、期待通りでないときに見る御三家は今回実験した404、403、そして今回は実験していませんが401（認証失敗時）あたりが多そうです。

7-7-3 ▷ 生活の中のHTTP

　HTTPは文字情報だけでなく、静止画、音、動画を転送できます。現在はパソコンだけでなく、スマートフォンのような操作端末も爆発的に普及し、HTTPを介して誰もが容易に動画を楽しんだり、音楽を聴いたり、勉強したりできるようになりました。今や生活にHTTPは欠かせません。HTTPやJavaScriptなどのWeb技術は絶えず発展を続けており、Web技術でつくられたWebアプリケーションの利用も広がっています。

　HTTPSの利用も広まっています。通信経路を暗号化して保護するTLSを使って、インターネットバンキング、銀行口座を操作（預金確認や送金など）するようになりました。他にもTLSを使いプライバシーを守りながら、宿泊予約や予防接種の予約などもしています。お金のやり取りなどは勝手に金額を変えられたりしないように、予約では個人情報を盗み見られないようにすることが重要ですね。現在ではHTTPは生のママではなくTLSを使って暗号化したセキュア（安全）なHTTPSが好まれます

TIPS

ホームページのソースは、**Microsoft Edge**の場合 F12 キーを押して、デバッガータブをクリックすると表示できます。

WSL のススメ

　Windows10/11 が動いているパソコンがあれば、Windows を使いながら Linux が動かせる仕組み「 WSL（Windows Subsystem for Linux)」を使ってみましょう。

　インストールはコマンド一発、ホンモノのLinuxを Windowsの一部として使用できます。

　Linuxはインターネットの世界ではWebサーバやDNSサーバなどデファクトスタンダードとして使用されており、同じプログラムを簡単に導入し、操作することができます。

　先に書いたようにWindowsを使いながらということで、web検索をしながら設定をアレコレ試して勉強することができますし、画面のキャプチャはWindowsで取得するなど自分の現状を報告して上級者に正確に伝えることもやりやすいです。7-7項ではcurl.exeを使いました。Windows版のcurlはHTTP/HTTPSだけを取り扱いますが、Linux版なら7-7-2のTIPSで取り上げたようにほかのプロトコルをも簡易に取り扱うことができますので、スクリプト中でメールを自動送受信したり、ファイルを多くのプロトコルで送受信することが可能で本格的に実験やスクリプト記述ができます。

　本コラムでは、オプション指定をしないと標準でインストールされるUbuntuを紹介しますが、インストールできるLinuxのディストリビューション（種類と言い換えても良いです）は、有料・無料含めFedora・SUSE・Debian などがあります。ぜひチャレンジしてみてください。

　動作チェックにUbuntu Linuxを筆者は仮想環境に入れて実験していますが、WSLでも同じように動作します。

　Ubuntu Linuxの良いところは、コマンドやソフトがないときに「このパッケージ（ソフトウェア群をひとまとめにしたもの）に入っています」と簡単なガイドが出ることが多く、初学者に優しい作りになっていることです。

　紙面幅の都合で詳しくは書けませんが、たとえばHTTPSは下のような方法で、「SSLを通していても、やっぱりHTTP」を使っていることを確認できます。あるいは、POP3SやSMTP over TLS も確認ができます。OpenSSLでポート番号を合わせて、実行し、応答が返ってきたら、そのプロトコルのお作法通りに打ち込んでみましょう。

●**WSL 導入コマンド（標準でUbuntuの最新LTSですが、-dであえて指定）**
Windows PowerShell 上で

```
wsl --install -d Ubuntu
```

●**WSL上でOpenSSLパッケージインストール**
Ubuntuで操作します。

TIPS

コマンドを実行して終了のメッセージがでたら、パソコンを再起動してください。
起動したらスタート→すべてのアプリ→UbuntuでホンモノのUbuntuを起動しましょう。
あなたのユーザ名とパスワードを決める画面が出ますので登録しましょう。

7

プロトコルという約束事

```
sudo apt-get update; sudo apt-get install openssl
```

●WSL 上で https 実験

```
openssl s_client -connect www.dtg.jp:443
―中略―
GET / HTTP/1.1[Enter]       ← telnet の時と同じ
host:www.dtg.jp[Enter]      ← telnet の時と同じ
[Enter] ← telnet の時と同じ
```

●WSL上でPOP3s実験

```
openssl s_client -connect pop.example.jp:995
―中略―
user tcp@example.jp        ← 手入力:メールアドレス入力
+OK password required.
pass ****PASSWORD****       ← 手入力:パスワード入力
+OK Maildrop ready, (JPOP server ready).
list        ← 手入力:メールリスト表示コマンド入力
+OK 905 message(s) (61338763 octets).
1 15829    ← ●古い 1 のメールは 15829 バイトあります
2 41335
3 76761
――省略――
903 39952
904 6874
905 6817       ← 新しい 905 番のメールは 6817 バイトあります
.
retr 905      ← 手入力 POP3 で 905 番のメールを見るコマンド入力
+OK 4627 octets.                                    ↓ここからメールヘッダ
X-Apparently-To: tcp@example.jp; Tue, 02 May 2023 14:30:36 +0900
―中略―
From: SHIBATA Akira <tcp@example.jp>
To: tcp@example.jp
Subject: Test mail
―中略―
Content-Length: 68   ← ここまでがメールヘッダ
      ← HTTP にもあったヘッダと内容を分ける改行
This is a test mail from tcp@example.jp.   ← メールに書いた内容


--
hello world! <tcp@example.jp>  ← ここまでがメール本文
.        ← このメール終了の表示
quit    ← 手入力 POP3 の終了コマンド
+OK Server signing off.
closed
```

TIPS

インストールには特権が必要なのでsudoコマンドを先頭においてコマンド実行しましょう。sudoコマンドはあなたのパスワードが必要です。

154

7-8 インターネットは普遍に存在する

インターネットの普及が始まったころはパソコンをセットアップして、意識して情報を得ていました。しかし、そんな時代は過ぎ去って誰もが当たり前に意識せずインターネット技術の恩恵を享受しています。

あなたの周りにはスマートフォンやテレビのような情報を出力する装置がたくさんあります。では、出力される情報はどこからくるでしょう？　多くはインターネットに接続して入手できる情報でしょう。インターネットが存在することで様々な利便性がもたらされています。ここではネットワークに関連する事項として、IoTとAPIという仕組みをできるだけわかりやすく解説します。

7-8-1 ▶ IoT ってなんだろう

IoT（Internet of Things）は直訳すると「モノのインターネット」となります。意訳すればあらゆるものをインターネットにつなげるという理解になるでしょう。

たとえば防災関連であれば、洪水対策などが実用化されてきています。従来はカメラで川の水位を目視していましたが、センサが水没すると検出を報知するという仕組みが出現しています。インターネット経由でアプリが警報を出すことで大雨の時に人が川に水位を見に行ってそのまま流されてしまうような事故も防げることが期待されます。

IoTはこういった数々のセンサーの作り出す情報（データ）をインターネット経由で集めて統合しインフォメーションレベルにする基盤を担っています。一部始まっていますが、将来はAIとしてインフォメーションをもとにインテリジェンスにまで応用範囲を広げ、これらをつなげる為にインターネットは必要不可欠なのです。

7-8-2 ▶ Web API が便利を加速する

API（Application Programming Interface）とは、プログラムの機能の一部を別のプログラムから利用できるようにするしくみです。たとえば、銀行がAPIを用意して、家計簿アプリが銀行口座の残高参照したり、入金や出金の記録を参照する家計簿に取り込んだりすることが可能になります。皆さん

TIPS

インターネットが普及する前に、すでにユビキタス（Ubiquitous：遍在すること≒普遍に存在する）社会という考え方があり、ユビキタスコンピューティングやユビキタスネットワークといった形で環境にすっかり溶け込み消えてしまうように意識せずにあらゆるところにコンピュータが存在して、人々の生活に必要な情報を収集し、提供し、必要に応じて自動的に処理して便利な生活を送れるようにすることが予言されていました。

が普段利用しているスマートフォンアプリや、Webアプリも情報を取得する仕組みとしてWeb APIを活用しています。Web APIのやりとりではHTTP（HTTPS）が使われることが一般的です。

　APIを経由することで、データを二次利用したり新しい別のサービスを開発することができます。

　Web APIの例を上げます。あなたがお店を検索してそのお店がどこにあるかを表示するためにGoogle Map上に位置を表示、今いる場所からの経路探索なども可能にするためにはGoogle Map APIを利用しているでしょう。あるいは製品の使用レポートとその購入のための記事を書いて購入を促すブログでAmazon APIを使用してアクセスを簡単にできます。動画サービスではYouTube APIが動画情報取得、サムネイル画像取得、チャンネル名、再生数の割合や変化などの統計情報、チャンネル登録者数の推移を取得したり字幕や再生速度の機能などを設定したりできます。

TIPS

ここでは正式なAPIの名称ではなく、簡略化して記載しています。

COLUMN

ネットワークは意識しないところでも

　ネットワーク関連のキーワードとしてIoTやWeb APIを紹介してきました。皆さんは意識しないところでネットワークの恩恵に預かっています。

　例えば、あなたがコンビニエンスストアに行き、お弁当とお茶をクレジットカードなどのキャッシュレスで決済で支払うとします。そうすると支払いの情報などをやりとりするレジも通信機器になります。あるいはバーコード決済のときはスマートフォンも通信します。

　普段の生活においてもネットワークは欠かせないものになっています。意識しないところで、便利で効率的な世の中になるようにネットワークが活用されているのです。

✔ プロトコルとは、ネットワーク上での通信に関する手順や規約を定めたものである

✔ クライアントは、サービスを依頼する側を指す

✔ サーバーは、クライアントの要求に応えて仕事をし、結果を出す側を指す

✔ サーバーは、それぞれ特定のポートで待ち受けをしている

✔ サーバーに仕事を依頼する場合には、サーバーが待ち受けにしているポートにサーバーが理解できる通信プロトコルで話しかける必要がある

✔ telnetはサーバーに対してネットワーク越しにキーボード端末を持つような仕組みである

✔ DNSは、人間にわかりやすい名前とIPアドレスとを変換する仕組みである

問題**1.** クライアントやサーバーの役割やプロトコルについて、正しいか誤っているか判定してください。

正・誤

□　□　①プロトコルとは、ソフトや装置が互いにやりとりをするための共通の規約や手順のこと

□　□　②ユーザーからの依頼に応じて、実際に作業をして結果を返してくれる装置やソフトをサーバーという

□　□　③サーバーに対して依頼する側の装置やソフトをクライアントという

問題**2.** サーバーへのアクセス方法について、　□□□□□□　内に適切な文字や数字を入れてください（使うOSはWindows）。

a. 技術評論社のWebサーバーにtelnetでアクセスするには、ターミナルでtelnet www.gihyo.jp　□①□　とする

b. 技術評論社のWebサーバーのIPアドレスを調べるには、ターミナルで　□②□　www.gihyo.jpとする

問題**3.** プロトコルについて、正しい数字または記号を記入または選択してください。

サービス（何かの仕事）をしてもらう依頼のことを [①　(イ) サーバー　(ロ) レスポンス　(ハ) プロトコル　(ニ) リクエスト] といい、それに対して要求に応えて仕事をして出した結果のことを [②　(イ) サーバー　(ロ) レスポンス　(ハ) プロトコル　(ニ) リクエスト] という。

ネットワーク上での通信に関する規約や手順を定めたものを通信 [③　(イ) サーバー　(ロ) レスポンス　(ハ) プロトコル　(ニ) リクエスト] という。

CHAPTER

8

役割を分割する
レイヤー

TCP/IPネットワークは、機能ごとに役割分担され、階層的な構造をとっています。こうした階層をレイヤーと呼びます。ネットワークの仕組みを学ぶうえでとても大切な概念の1つです。インターネットのような巨大なネットワークが急速に発達していった要因の1つとして、ネットワーク機能が階層化されていたことによる拡張性の高さを挙げることができます。

本章では、まずレイヤー構造の特徴やメリットについて学んでいきます。その後、TCP/IPネットワークにおけるレイヤー構造について、それぞれの層がどのような役割を果たしているのかを学習します。

8-1 本章で学ぶこと

ネットワークの仕組みは、役割に応じていくつかの層に分かれています。このような層はレイヤーと呼ばれます。本章では、ネットワークのレイヤー構造とそのメリットについて学びます。

8-1-1 ▶ レイヤー

　本章では**レイヤー（layer）**という考え方を学びます。レイヤーは日本語では「層」という言葉があてられています。ここで解説するのはネットワークの層、階層の話だと考えてください。レイヤーの考え方は、実はそこかしこにあります。コンピューターとは関係のない普段の生活の中でも、接することが多い考え方でしょう。

　本章で扱うのは、ネットワークの階層構造です（**図8-1**）。

　本章で学ぶレイヤーの考え方を知ることで、ネットワークの仕組みについての理解が深まるはずです。

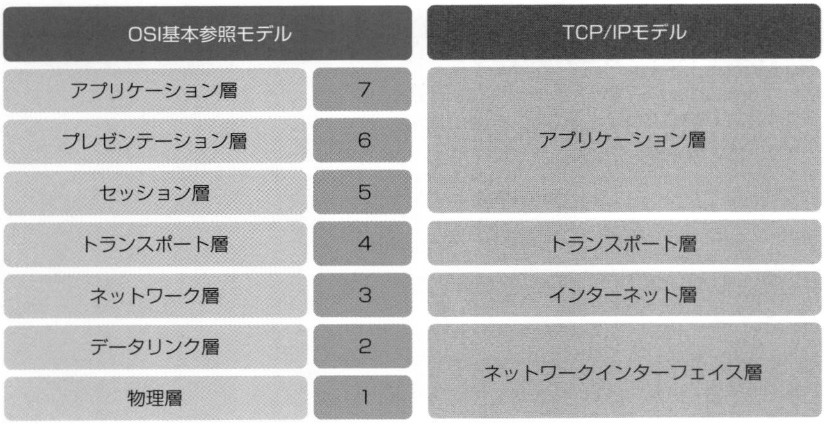

OSI基本参照モデル		TCP/IPモデル
アプリケーション層	7	アプリケーション層
プレゼンテーション層	6	アプリケーション層
セッション層	5	アプリケーション層
トランスポート層	4	トランスポート層
ネットワーク層	3	インターネット層
データリンク層	2	ネットワークインターフェイス層
物理層	1	ネットワークインターフェイス層

●図8-1　ネットワークの階層構造

8-2 レイヤーとは

ここでは、レイヤーの考え方を身近な電話を題材にして解説します。レイヤー構造を採用することによるメリットについて学んでいきましょう。

8-2-1 ▷ 電話に見るレイヤーの考え方

ネットワークにおけるレイヤーは、機能ごとに分類され定義されています。それぞれの機能が、あたかも層が積み重なったかのように、人間に近いほうから順に並んでいます。

レイヤーの考え方を、電話の仕組みに置き換えて考えてみましょう。人間に近いほうから会話装置、伝送装置、交換装置、長距離伝送の4層に分けてみます。解釈によって層の分け方はいろいろありますが、理解を助けるために単純化しています（**図8-2**）。

TIPS

コンピューターやネットワークの世界では、こうした層のことを、レイヤーと英語で呼ぶことが一般的です。

TIPS

図8-2をTCP/IPモデルでいうと、少し強引ですが、長距離伝送をネットワークインターフェイス層（物理的な部分）、交換装置をインターネット層（国や局番へ向けての音声伝送）、伝送装置をトランスポート層（ケータイ相手か固定電話相手かなど）、会話装置をアプリケーション層（人間が認識できるようにデータを表現）のように見ることもできます。

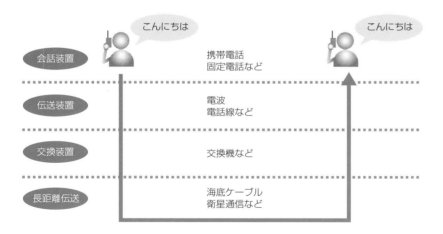

●**図8-2　電話の仕組みにおけるレイヤー構造**

あるユーザーが使う電話が携帯電話だったとしましょう。会話装置は携帯電話で、伝送装置は携帯電話との間を電波でやりとりします。固定電話を使っているユーザーの場合は、伝送装置は電話機との間を電話線でやりとりすることになります。

しかし、ユーザーは「電話のかけ方」さえ知っていれば、携帯電話でも固定電話でもまったく同じように使えます。自分の声が電波で送られているのか、電話線で送られているのかを気にする必要はありません。

交換装置は、長距離伝送装置経由で遠くの交換装置と通信します。このとき、交換装置は適切な経路を選んで、長距離伝送系経由で通話相手の交換装置へつなぎます。長距離伝送がどのような経路で行われるかは、交換装置の仕事に影響しません。

ネットワークもこの電話の例と同様に、役割ごとにいくつかのレイヤーに分かれた構造になっています。

8-2-2 ▶ なぜレイヤーが必要なのか

先の電話の例なら、日本から電話をかける相手が米国にいるときに、現在は太平洋の海の底を這っている光ファイバーの中を会話が通ります。その昔（といっても1990年くらいまで）は、人工衛星が長距離伝送機能の一部を担っていましたから、経路の途中でいったん宇宙まで会話が飛んでいました。

それまで太平洋の上空を会話が飛び交っていたものが、技術革新によって太平洋の海の底を通る経路に切り替わったわけですが、近距離の伝送装置はそのまま使えています。これが、レイヤー構造の大きなメリットです（図8-3）。

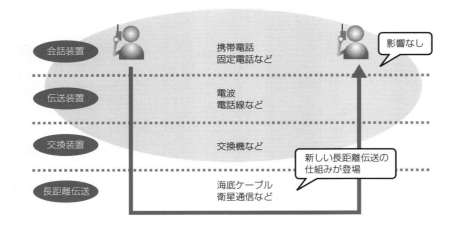

●図8-3　レイヤー構造のメリット

ひょっとすると、未来の会話装置では脳内で直接会話することができるかもしれません。たとえそうなったとしても、交換装置や長距離伝送系はそのままで済みます。役割ごとにレイヤー構造をしているシステムならば、一度にすべてを入れ替える必要はなく、できるところから交換していくことで調和を

保つことができるのです。

レイヤー構造を採用した仕組みは、使用するときはもちろん、開発や保守・運用、システムの改良などといった場合にも、一部だけを差し替えることができるメリットがあります。

8-2-3 ▷ レイヤー構造とカプセル化

7章で解説したように、上位レイヤーから受け取ったデータをカプセルの中に閉じ込めるようにして、宛名などのようにパケットをどう扱うべきかの情報を与えます。すなわちヘッダーを付けて、下位レイヤーへと渡します。このように機能をレイヤー構造にすることで、他の層に与える影響を少なく入れ替えをしたり、あるいは改良することが可能です（**図8-4**）。

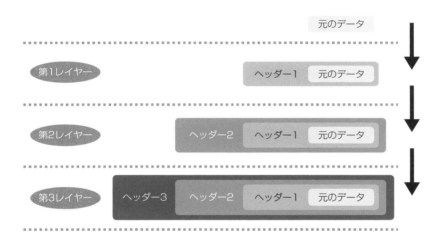

●**図8-4　レイヤー構造とカプセル化**

たとえば、信頼性を犠牲にしてでも速度を重視するのであれば、TCPでなくUDPを使えば良いでしょう。こうした場合にも、他のレイヤーでの処理を変更する必要がなくなります。

また、今回Ethernetで送ったデータを、無線LANや光ファイバーなどに変更しても良いでしょう。このようにしても、上位の層の仕事には影響がありません。

8-3 TCP/IPモデル

現在のインターネットを支えているTCP/IPも、レイヤー構造をとっています。ここでは、TCP/IPのレイヤー構造であるTCP/IPモデルについて学んでいきましょう。

8-3-1 ▶ TCP/IPモデルとは

TCP/IPは、これまで学んだ通りTransmission Control Protocol/Internet Protocolの略です。こうして見ると、この言葉が示すのはTCPとIPのみのように思われますが、一般にTCP/IPと記述した場合には、TCP/IPを中心としたネットワーク通信プロトコル群全体を指す場合がほとんどです。

TCP/IPのネットワークは、機能的なレイヤー構造をとっています。これはTCP/IPモデルと呼ばれ、全部で4つのレイヤーから成り立っています。これらの成り立ちは図8-5のようになります。

TIPS

TCP/IP四階層モデル（4階層モデル）とあえて階層が4つだけであることを強調する場合もあります。

レイヤー名	主な機能
アプリケーション層	HTTPやSMTPなど、通信ソフトウェアのサービス
トランスポート層	効率の良い通信、信頼性の高い通信
インターネット層	経路を確立し、中継
ネットワークインターフェイス層	信号やパケット形式の規定、物理媒体を通じてデータを送る

●図8-5　TCP/IPモデル図

サーバーからホームページのデータが出力されると、アプリケーション層でHTTPヘッダーが付けられます。HTTPヘッダーは、7章で読んだように、そのデータをどのように取り扱うべきかなどの情報を持っています。

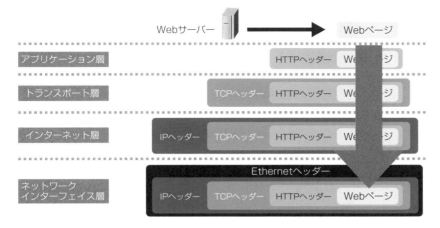

●**図8-6 TCP/IPモデルとHTTPプロトコル（サーバー側）**

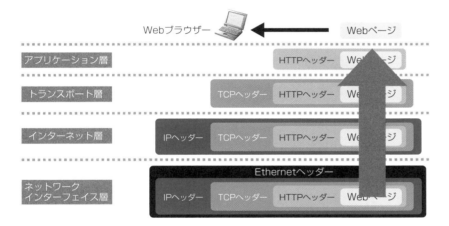

●**図8-7 TCP/IPモデルとHTTPプロトコル（クライアント側）**

　HTTPヘッダーを付けられたデータは、ポート番号やシーケンス番号などのヘッダーを付けられたTCPパケットとして、トランスポート層へと渡されます。

　TCPヘッダーを付けられたデータは、インターネット層で宛先や差出元のIPアドレスなどの情報が付与され、IPパケットとして物理的な接続機能を果たすネットワークインターフェイス層へと渡されます。**図8-6**の例では、Ethernet（イーサネット）ヘッダーが付けられ電気信号として運ばれます。

TIPS

それぞれのレイヤーにおいて、取り扱うデータの単位は異なる用語が用いられます。ですが、ここではパケットという表現で統一します。

クライアント側では、ネットワークインターフェイス層で受け取ったパケットのヘッダーを解釈し、取り出したIPパケットをインターネット層に渡します。インターネット層では、ヘッダーを解釈してTCPのパケットを取り出し、トランスポート層へとデータを渡します。

最終的にはWebブラウザーにデータが渡され、ホームページが表示されます。

8-3-2 ▷ TCP/IPの意義

かつて、コンピューターの通信ネットワークについて、各メーカーは独自のハードウェアとプロトコルで囲い込みを図っていました。その一方で、TCP/IPはARPANET（Advanced Research Projects Agency NETwork：国防高等研究計画局ネットワーク）という特定のメーカーに偏らないネットワークとして開発されました。

実装を重要視し、使いやすさを優先していたことから、TCP/IPは結果として事実上の標準として使われるようになったのです。現在では、TCP/IPはインターネットの基本となるプロトコルであり、TCP/IPの機能を備えていれば、大型コンピューターもゲーム機も、メーカーやOSの枠を飛び越えて情報をやりとりできるようになりました。

8-4 OSI基本参照モデル

ネットワークの仕組みを学ぶうえで、避けて通ることができないのが、OSI基本参照モデルです。OSI基本参照モデルは、現代のネットワーク技術に大きな影響を与えています。

8-4-1 ▷ OSI基本参照モデルとは

OSI（Open Systems Interconnection：開放型システム間相互接続）基本参照モデルは、異なるメーカーのコンピューター同士でも相互にネットワーク通信できるよう標準化された、プロトコル群とその概念を指します。

コンピューターの通信ネットワークについて、開発黎明期には各メーカーが独自の技術への囲い込みをしようとしていた時代がありました。しかし、一方で、異なるメーカーや機種、異なる環境であっても接続できるように、標準化を目指す動きもありました。こうした動きの結果生まれたのが、OSI基本参照モデルです。

8-4-2 ▷ OSI基本参照モデルの構造

OSIモデルは階層構造をとっていて、通信機能を7層に分け、それぞれのレイヤーが果たすべき機能を規定しました。7つのレイヤーは、物理媒体に近いほうから人間の目に触れやすいほうまで、順番に1から7までの番号がつけられています（**図8-8**）。

レイヤー名	主な機能	レイヤー番号
アプリケーション層	アプリケーションで使うデータを通信で使われる形にする	7
プレゼンテーション層	文字コードやデータ表現形式を規定する	6
セッション層	データ伝送の通信の種類を決め、同期をとりながらデータ転送の効率を上げる	5
トランスポート層	データの伝送品質が悪いときに誤りを検出し、補完したり回復したりして品質を高める	4
ネットワーク層	ルーティングや中継のための機能を提供する	3
データリンク層	データを変化させずに送るための規格を定める	2
物理層	物理的な規格、電気的な伝送機能の規格などを定める	1

●図8-8　OSI基本参照モデル

一般に、番号で呼ぶときは「レイヤー1」「レイヤー2」……「レイヤー7」と呼びます。また、機能別に「物理層」「データリンク層」……「アプリケーション層」と呼ぶことも一般的です。

　なお、文字で表記する際には、レイヤーの頭文字のLをとって、L1、L2……L7と書く場合もあります。気をつけてください。

8-4-3 ▶ TCP/IPモデルとの関連性

　OSIは国際標準として、ISO（International Organization for Standardization：国際標準化機構）とITU-T（International Telecommunication Union Telecommunication Standardization Sector：国際電気通信連合 電気通信標準化部門）によって標準化が開始されました。

　一方のTCP/IPは、ARPANETから始まったものであり、OSIとは出自が異なります。すなわち、直接の関係はありません。

　しかし、OSIモデルが目指した「異なる機種やメーカーであっても通信ができるようにすること」は、接続性や運用において必須の概念です。そのため、TCP/IPについても「OSI基本参照モデルの機能でいえば」ということで、関連付けられています（**図8-9**）。もし、将来TCP/IP以外のプロトコルが事実上の標準になったとしても、おそらくそれはOSIモデルを参照したものになると思われます。

TIPS

ISOは、アイソ、アイエスオー、イソなどと読むことが多いです。

OSI基本参照モデル		TCP/IPモデル
アプリケーション層	7	アプリケーション層
プレゼンテーション層	6	
セッション層	5	
トランスポート層	4	トランスポート層
ネットワーク層	3	インターネット層
データリンク層	2	ネットワークインターフェイス層
物理層	1	

●**図8-9　OSI基本参照モデルとTCP/IPモデル**

直接の関係はないのですが、たとえばTCP/IPのルーターはOSI参照モデルのレイヤー3（L3、ネットワーク層）とほぼ同じ機能を果たすため、「L3の装置」と呼ばれることがあります。また、TCP/IPで運用している電子メールやホームページなどで、複数のサーバーの負荷を均等にするための装置は「L7ロードバランサー」——アプリケーション層なのでL7——と呼ばれます。

8-4-4 ▶ OSIからTCP/IPへ

特定のメーカーや特定の機種同士での通信しかできなかった時代、異なる複数のシステム同士で通信ができないことは大きな問題でした。こうした反省のもとOSIモデルが標準として規定されていくことになるのですが、決定までにずいぶん時間がかかりました。

その結果、対応するハードウェアなどの開発も遅れてしまいます。こうした状況の中で、「そこそこ早い時期に」「そこそこ使える」TCP/IPの仕組みが普及し、事実上の標準になっていったのです。

一方のOSIは、「使えるモノがない→コンピューター同士をつなげられない→（当時は）今すぐ使えない」という状況に陥り、普及には至りませんでした。OSI自体は、一般的に利用されるプロトコルとしては普及しませんでしたが、その考え方はネットワークの仕組みに大きな影響を与えています。

なお、OSIで規定されたプロトコルの一部は、TCP/IPに移植され現在も使われているものがあります。たとえば、LDAP（Lightweight Directory Access Protocol）やIS-IS（Intermediate System to Intermediate System）などです。

8-5 各レイヤーの役割を知る

各レイヤーの役割を例示するとともに、TCP/IP モデルの区分に基づいて解説していきます。また、ユーザーに近いほうから遠いほうへ、OSI 基本参照モデルでいうところの L7 → L1 の順に解説します。

8-5-1 ▷ アプリケーション層

● アプリケーション層の役割

インターネットでは、電子メールやホームページといったさまざまなサービスが提供されています。たとえばホームページのデータは、実際には構造化されているので、題名・本文の段落・箇条書きなどといった情報が一緒に入っています。そして、それらをブラウザーが整形し、段落構造や表や分類などを表現します。

こうした機能を実現するのが TCP/IP モデルのアプリケーション層の役割であり、OSI 基本参照モデルでは L5、L6、L7 に相当します（**図8-10**）。

では、アプリケーション層の役割について、OSI 基本参照モデルの区分に基づいてさらに詳しく見ていきましょう。たとえば手紙のやりとりなどに用いる封書を例に考えてみます。

手紙に実際に書かれている内容を表示するのが OSI 基本参照モデルの（L7 である）アプリケーション層の役割です。

OSI基本参照モデル		TCP/IPモデル
アプリケーション層	7	アプリケーション層
プレゼンテーション層	6	
セッション層	5	
トランスポート層	4	トランスポート層
ネットワーク層	3	インターネット層
データリンク層	2	ネットワークインターフェイス層
物理層	1	

●図8-10　アプリケーション層は、内容の表示に関する機能を提供する

L6にあたるプレゼンテーション層では、たとえば手紙の日本語という形式、あるいは俳句なら五七五の形式をとるといった、やりとりの具体的な体裁を決める役割を担います。

L5にあたるセッション層の役割では、一連のやりとりを関連付けるための記号や番号を付けることによって、「どのやりとり（セッション）なのか」を明らかにします。封筒に何らかの形で連番や記号を振るなどして、一連のやりとりに関する封書であると明示することを想像してください。

TIPS

やりとりのことはセッションと呼びます。ネットワーク用語としてセッションは広く使われるので覚えておきましょう。

● アプリケーション層で使われるプロトコル

アプリケーション層で使われるプロトコルは、ホームページでおなじみのHTTP、電子メールで使われるPOP3やSMTP以外にも、NTP（時刻合わせ）、FTP（ファイル転送）、DNS（名前解決）など、多岐にわたります。

8-5-2 ▶ トランスポート層

● トランスポート層の役割

トランスポート層では、データの伝送品質が悪いときに誤りを検出し、それを補完したり回復したりして、信頼性が高く品質の良い通信を実現します（**図8-11**）。

たとえば、元のページには500と書いてあるのに、ブラウザーで見るときに3872と表示されるようでは困ります。もし内容が違っていたら、受信する側は送信する側に送り直しを要求します。OSI基本参照モデルではL4に相当します。

OSI基本参照モデル		TCP/IPモデル
アプリケーション層	7	アプリケーション層
プレゼンテーション層	6	
セッション層	5	
トランスポート層	4	トランスポート層
ネットワーク層	3	インターネット層
データリンク層	2	ネットワークインターフェイス層
物理層	1	

● 図8-11　トランスポート層は、通信の品質、信頼性に関する機能を提供する

封書を例にすると、「どの部門が担当なのか」「通し番号で何番なのか」「全部で何文字あるのか」といった内容が相当します。こうした情報を準備しておくことによって、封書の中身の品質を確保するとともに、確実にやりとりできるようにします。

●トランスポート層で使われるプロトコル

トランスポート層で使われるプロトコルは、TCPやUDPです。また、電子メールやホームページなどで通信内容の暗号化のために使われている**TLS**（Transport Layer Security）なども、トランスポート層で使われるプロトコルの一種です。

COLUMN ☕

TLSとSSL

TLSはSSL（Secure Sockets Layer）と呼ばれることもあります。これはTLSの前身となったプロトコルの呼称です。TLSとSSLがおおよそ同等の機能を持ち、SSLが用語として定着していたため、今でもSSLと呼ばれることが多くあります。

TLSはHTTPSなどに使われる暗号化のためのプロトコルと覚えておきましょう。

8-5-3 ▷ インターネット層

●インターネット層の役割

インターネット層では、世界のどこの宛先であっても経路を確立し、データを届けます。ただし、届かなかったとしてもエラーを検出することはできません。OSI基本参照モデルでは、L3に相当します（**図8-12**）。

OSI基本参照モデル		TCP/IPモデル
アプリケーション層	7	アプリケーション層
プレゼンテーション層	6	アプリケーション層
セッション層	5	アプリケーション層
トランスポート層	4	トランスポート層
ネットワーク層	3	インターネット層
データリンク層	2	ネットワークインターフェイス層
物理層	1	ネットワークインターフェイス層

●図8-12　インターネット層は、経路を確立し、データを届ける機能を提供する

　封書を例にすると、郵便システムでいうところの住所の役割に非常に近いです。差出人は、宛先の住所が自分の知っている範囲でなければ、近所の郵便局へ持っていきます。郵便局に任せれば、あとは郵便システムが、宛先の住所をもとに相手の手元まで届けてくれます。

　郵便システムにおいては、各郵便局はどこに送れば良いのかを検討し、わからなければ上位の局へと転送します。国内なら地方の中央郵便局同士のやりとりで済むでしょうが、もし外国へ送る封書であれば、空港や港とつながりのある郵便局に持っていくことになるでしょう。

TIPS

近所の郵便局員は先方の郵便事情はわかりませんので、送るべきところに送って「あとはヨロシク」と任せるわけで、0-2-2の「たらいまわしネットワーク」の中心機能です。

●インターネット層で使われるプロトコル

　インターネット層で使われるプロトコルは、IPやICMP、OSPFなどです。また、L3の機能を実現する装置は、L3スイッチやルーターです。

8-5-4 ▷ ネットワークインターフェイス層

●ネットワークインターフェイス層の役割

　ネットワークインターフェイス層では、信号やパケット形式、物理媒体を通じてデータを送るための規格を規定し、物理的な規格や電気的な伝送機能を実現します。OSI基本参照モデルではL1、L2に相当します。

8

役割を分割するレイヤー

OSI基本参照モデル		TCP/IPモデル
アプリケーション層	7	アプリケーション層
プレゼンテーション層	6	アプリケーション層
セッション層	5	アプリケーション層
トランスポート層	4	トランスポート層
ネットワーク層	3	インターネット層
データリンク層	2	ネットワークインターフェイス層
物理層	1	ネットワークインターフェイス層

●図8-13　ネットワークインターフェイス層では、物理的な規格や電気的な信号の形式などを規定する

　封書を例にすると、封書という物理的な媒体が、ネットワークインターフェイス層のうち物理層（OSIモデルのL1）に相当します。また、ボールペン書きなのか、プリンターの印刷なのか、毛筆書きなのかなどといった形式が、ネットワークインターフェイス層のうちデータリンク層（OSIモデルのL2）に相当します。

　同じ封筒を使っていても、技術革新が進めばレーザーで住所を焼きこみ印刷できるようになるかもしれません。また、封書の物理形式、たとえば角四号封筒から角一号封筒に変更することによって、中に封入できる文字数が増やせるかもしれません。たとえそうなったとしても、既存の郵便システムを使って問題なく届けることができます。

● ネットワークインターフェイス層のプロトコル

　L1、L2の装置は、電話線やLANの線（銅線のより対線でも光ファイバーでも同様）などが身近な例です。L1、L2で使われるプロトコルはISDNやPPPやARPです。

TIPS

住所を確認した結果、同じ町内であることがわかれば、郵便局にはいかず直接持っていってしまうことも考えられます。

要点整理

- ✔ レイヤーとは、層、階層を指す
- ✔ 役割ごとに分割してレイヤー構造にすることで、さまざまなメリットが生じる
- ✔ TCP/IP モデルは 4 層構造で、ネットワークインターフェイス層、インターネット層、トランスポート層、アプリケーション層に分かれる
- ✔ OSI 基本参照モデルは 7 層構造で、物理層、データリンク層、ネットワーク層、トランスポート層、セッション層、プレゼンテーション層、アプリケーション層に分かれる
- ✔ OSI 基本参照モデルは、TCP/IP と直接の関係はない
- ✔ OSI 基本参照モデルは物理媒体に近いほうから、L1、L2と書き、エルワン、エルツーまたはレイヤーワン、レイヤーツーと読む

問題1. レイヤーモデルと機能について、正しいか誤っているか判定してください。

正・誤

□ □ ①OSI基本参照モデルは全7層で、TCP/IPの機能を規定している基本モデルである

□ □ ②TCP/IPはインターネットの基本となるプロトコルであり、実装を重要視し、使いやすさを優先したので事実上の標準になった

□ □ ③インターネット層は通称L2で、直接ルーティングをする層である

問題2. 各モデルにおける説明について _____ 内に適切な文字や数字を入れてください。

a. LANにおけるハブ (HUB) はデータリンク層の装置で、OSI基本参照モデルのレイヤー番号は ① である

b. TCP/IPモデルは全 ② 層で、UDPは ③ 層のプロトコルである

c. TCP/IPモデルのIPは ④ 層のプロトコルで、OSI基本参照モデルのレイヤー ⑤ 相当の機能を持っている

問題3. TCP/IPモデルについて、正しい数字または文字を記入、選択してください。

TCP/IPモデルは、物理的なほうからネットワークインターフェイス層、[① (イ) インターネット層 (ロ) リンク層 (ハ) セッション層 (ニ) プレゼンテーション層]、トランスポート層、アプリケーション層と呼ぶ。

トランスポート層は、データの伝送品質が悪いときに [② (イ) 回線断 (ロ) 変更 (ハ) 誤り (ニ) 正解] を検出し、補完したり回復したりして信頼性の高い通信を実現する。OSI基本参照モデルでは ③ に相当する。

ネットワークインターフェイス層の役割

本章ではネットワークのレイヤーのうち、最もハードウェアに近い部分について学んでいきます。ハードウェアに近いというのは、つまりケーブルであったり、電気信号であったりという意味です。TCP/IPネットワークのモデルでは、ネットワークインターフェイス層と呼ばれるレイヤーが該当します。OSI基本参照モデルでは、物理層とデータリンク層が該当します。

コンピューター上で扱う情報は、電気信号や光信号などの形に変換され、ネットワーク上のケーブルなどを通じて宛先まで送られます。変換の仕組みや、実際に信号を送る仕組み、信号を送るためのケーブルの仕様など、コンピューターの情報と物理現象を結びつける、大切な役割を担います。

9-1 本章で学ぶこと

本章では、これまで学んできたネットワークの技術から離れ、もっとハードウェアに近い部分の仕組みを学んでいきます。

9-1-1 ▶ ネットワークインターフェイス層

　本章では**ネットワークインターフェイス層**について学びます。ネットワークインターフェイス層は、TCP/IPモデルにおける最も下のレイヤーのことで、**リンク層**とも呼ばれます。ネットワークインターフェイス層は、TCP/IPの階層モデルでは人間から最も遠い物理的な部分にあたり、OSI基本参照モデルのレイヤー1（L1）の物理層、レイヤー2（L2）のデータリンク層に対応します（**図9-1**）。

　本書では、OSI基本参照モデルの分類に沿って、L2とL1それぞれの役割について解説します。

TIPS

本章では、とくに意図がない限りはL1、L2のように表記します。

TIPS

本章では、扱っている対象がTCP/IP関連の技術であっても、基本的にOSI基本参照モデルの層で表現します。

OSI基本参照モデル		TCP/IPモデル
アプリケーション層	7	アプリケーション層
プレゼンテーション層	6	アプリケーション層
セッション層	5	アプリケーション層
トランスポート層	4	トランスポート層
ネットワーク層	3	インターネット層
データリンク層	2	ネットワークインターフェイス層
物理層	1	ネットワークインターフェイス層

●**図9-1　TCP/IPモデルとOSI基本参照モデル**

9-2 データリンク層

ここでは、OSI基本参照モデルのデータリンク層について学びます。データリンク層は、後に解説する物理層と併せて、TCP/IPモデルではネットワークインターフェイス層に属しています。

9-2-1 ▶ データリンク層の役割

OSI基本参照モデルのL2であるデータリンク層は、データを電気的に送る役割を果たします。ただし、送る際の宛先にはIPアドレスは使われません。IPアドレスは、OSI基本参照モデルでいうところのL3の仕組みの中にあるため、ここでは関係ないのです。

一般的なLANケーブルを使ったEthernetの場合、L2においては**MACアドレス**という宛先を元に送信が行われています。自分のコンピューターのMACアドレスは、コマンドプロンプトでgetmacコマンドを実行することで知ることができます（**図9-2**）。物理アドレスがそれです。

●図9-2　getmacコマンドでMACアドレスを調べる

```
PS C:\Users\tcp> getmac

物理アドレス           トランスポート名
==================  ========================================================
74-86-E2-27-45-13   \Device\Tcpip_{26947E74-9319-438B-AE47-981D6DED0463}
B4-96-91-E1-11-91   \Device\Tcpip_{577DDB39-98E9-4AD0-A325-22658F2AD17D}
A0-36-9F-72-17-FC   メディアが切断されています
A0-36-9F-72-17-FE   メディアが切断されています
PS C:\Users\tcp> ipconfig /all

Windows IP 構成

    ホスト名. . . . . . . . . . . . .: DESKTOP-MKMS2C5
    プライマリ DNS サフィックス . . . . .:
    ノード タイプ . . . . . . . . . . .: ハイブリッド
    IP ルーティング有効 . . . . . . . .: いいえ
    WINS プロキシ有効 . . . . . . . . .: いいえ

イーサネット アダプター イーサネット:

    メディアの状態. . . . . . . . . . .: メディアは接続されていません
    接続固有の DNS サフィックス . . . . .:
```

TIPS

L3は、OSI基本参照モデルではネットワーク層であり、TCP/IP階層モデルではインターネット層に相当します。

TIPS

macOSで はifconfig、Linuxで はip address show（省略形はip a s）でMACアドレスを表示できます。

TIPS

getmacで得られるMACアドレスはipconfig /allでも物理アドレスとして表示されています。

TIPS

トランスポート名の波カッコ{}の中はWindowsが複数のネットワークインタフェイスを認識していてもGUID（主にマイクロソフトによるUUIDの実装）で区別しています。UUIDは128ビットの値でほかのどこでも絶対に衝突しない（使われていない）ことを保証するものではありませんが、固有のように扱われる値です。GUIDは先頭から64ビット目から3ビット分で仕様の違い（バリアントといいます）を表しています。

```
説明. . . . . . . . . . . . . . . . .: Intel(R) Ethernet 10G 2P X520 Adapter
物理アドレス. . . . . . . . . . . . .: A0-36-9F-72-17-FC
DHCP 有効 . . . . . . . . . . . .: はい
自動構成有効. . . . . . . . . . . . .: はい

イーサネット アダプター イーサネット 2:

メディアの状態. . . . . . . . . . .: メディアは接続されていません
接続固有の DNS サフィックス . . . . .:
説明. . . . . . . . . . . . . . . . .: Intel(R) Ethernet 10G 2P X520 Adapter #2
物理アドレス. . . . . . . . . . . . .: A0-36-9F-72-17-FE
DHCP 有効 . . . . . . . . . . . .: はい
自動構成有効. . . . . . . . . . . . .: はい

イーサネット アダプター dmz:

接続固有の DNS サフィックス . . . . .:
説明. . . . . . . . . . . . . . . . .: Intel(R) Ethernet Server Adapter I210-T1
物理アドレス. . . . . . . . . . . . .: B4-96-91-E1-11-91
DHCP 有効 . . . . . . . . . . . .: いいえ
自動構成有効. . . . . . . . . . . . .: はい
IPv6 アドレス . . . . . . . . . . .: 2401:25c0:0:8a8:1::16(優先)
リンクローカル IPv6 アドレス. . . . .: fe80::6401:c1af:d466:90d6%9(優先)
IPv4 アドレス . . . . . . . . . . .: 192.168.0.16(優先)
サブネット マスク . . . . . . . . . .: 255.255.255.0
デフォルト ゲートウェイ . . . . . . .: 192.168.0.249
DHCPv6 IAID . . . . . . . . . . .: 95721105
DHCPv6 クライアント DUID. . . . . .: 00-01-00-01-2A-BD-80-93-74-86-E2-27-45-13
DNS サーバー. . . . . . . . . . . .: 192.168.0.164
                                    192.168.0.161
NetBIOS over TCP/IP . . . . . . . .: 有効

イーサネット アダプター office:

接続固有の DNS サフィックス . . . . .:
説明. . . . . . . . . . . . . . . . .: Intel(R) Ethernet Connection (14) I219-LM
物理アドレス. . . . . . . . . . . . .: 74-86-E2-27-45-13
DHCP 有効 . . . . . . . . . . . .: いいえ
自動構成有効. . . . . . . . . . . . .: はい
IPv6 アドレス . . . . . . . . . . .: 2401:25c0:0:8a8::16(優先)
IPv6 アドレス . . . . . . . . . . .: 2401:25c0:0:8a8::ff16(優先)
リンクローカル IPv6 アドレス. . . . .: fe80::5f16:902b:45b6:a6bf%6(優先)
IPv4 アドレス . . . . . . . . . . .: 192.168.168.185(優先)
サブネット マスク . . . . . . . . . .: 255.255.255.0
デフォルト ゲートウェイ . . . . . . .:
DHCPv6 IAID . . . . . . . . . . .: 175408866
DHCPv6 クライアント DUID. . . . . .: 00-01-00-01-2A-BD-80-93-74-86-E2-27-45-13
NetBIOS over TCP/IP . . . . . . . .: 有効
```

9-2-2 ▶ MACとは

MACとは、**Media Access Control**の頭文字をとったもので、**メディアアクセス制御**と訳される伝送制御技術のことです。MACは1種類ではなく、さまざまな方式があります。たとえば、**CSMA/CD**や**トークンパッシング**などです。CSMA/CDはEthernetなどで使われ、トークンパッシングはFDDIやトークンリングなどで使われます。

● CSMA/CD

CSMA/CD（Carrier Sense Multiple Access with Collision Detection：搬送波感知多重アクセス／衝突検出方式）は、複数の装置が同時に送信を開始した際の衝突が検知ができ、しばらく待ってから送信し直す方式で、制御が簡単な割には効率が良いという特徴があります（**図9-3**）。

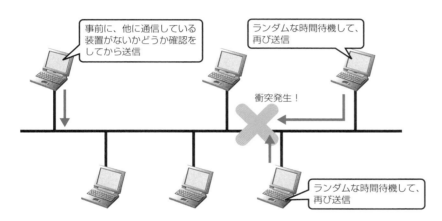

事前に、他に通信している装置がないかどうか確認をしてから送信

ランダムな時間待機して、再び送信

衝突発生！

ランダムな時間待機して、再び送信

●図9-3　CSMA/CD方式

● トークンパッシング

トークンパッシング（token passing）は、トークンと呼ばれる空のパケットのようなデータが流れており、ネットワーク上に自分のデータを流したい装置は、トークンに自分のデータを入れて送り出すという仕組みです（**図9-4**）。

TIPS

マック、またはエムエーシーと呼ばれます。詳しくは次節で解説します。

TIPS

衝突はコリジョンと呼びます。データの流通が増えると急激にコリジョンの発生確率が高くなり、データ転送効率も急激に悪くなります。

TIPS

一定時間に送れる最大データ量が保証されていることが特徴です。

9

ネットワークインターフェイス層の役割

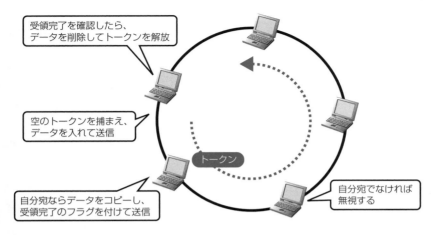

受領完了を確認したら、
データを削除してトークンを解放

空のトークンを捕まえ、
データを入れて送信

トークン

自分宛ならデータをコピーし、
受領完了のフラグを付けて送信

自分宛でなければ
無視する

●図9-4　トークンパッシング方式

9-2-3 ▶ MACアドレスとは

　MACアドレスとは、MACの仕組みを使って送受信を行うために与えられる、それぞれの装置固有のID番号です。MACアドレスの上位6桁は装置を製造したメーカー固有の番号で、IEEE（Institute of Electrical and Electronic Engineers：電気電子学会）が管理しています。

　たとえば、「00-60-b9-6e-b6-4a」というMACアドレスを得られたときに、上位6桁の00-60-b9について調べてみると、日本電気（NEC）であることがわかります（図9-5）。

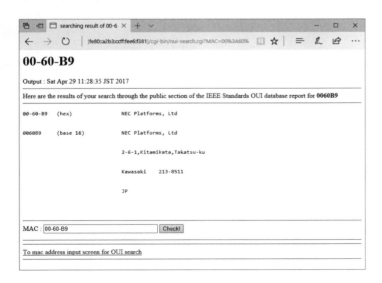

●図9-5　MACアドレスからメーカーを調べる

TIPS

先述のようにMedia Access Controlの略です。macOSとは関係ありません。

TIPS

組織固有のIDは、OUI（Organizationally Unique Identifier）と呼ばれます。IEEEで管理しており、以前は検索できましたが、現在はそういったページは用意されなくなりました。リストは依然として提供されていますので、ダウンロードして、ファイルを開いて探す、あるいは自分で検索システムを構築することも可能です。図9-5はダウンロードしたファイルをから検索して表示するためのページです。

ダウンロードサイト
https://regauth.standards.ieee.org/standards-ra-web/pub/view.html#registries

9-2-4 ▶ ARPとは

では、通信相手のMACアドレスはどのようにして調べるのでしょう。MACアドレスとIPアドレスの対応表は、**ARPテーブル**と呼ばれています。**ARP**（Address Resolution Protocol）は、IPアドレスからLAN上にある装置のMACアドレスを得るための仕組みです。

ターミナルから、arpというコマンドに-aというオプションを与えて実行しましょう（**図9-6**）。

●**図9-6　arpコマンドでARPテーブルを表示**

```
PS C:\Users\tcp> arp -a

インターフェイス: 192.168.48.81 --- 0x6
  インターネット アドレス   物理アドレス         種類
      192.168.48.1        00-60-b9-43-bf-29    動的
      192.168.48.2        90-1b-0e-e3-a7-a8    動的
      192.168.48.3        c8-cb-b8-c6-47-58    動的
      192.168.48.6        c8-cb-b8-c6-47-58    動的
      192.168.48.13       e8-fc-af-e6-53-0c    動的
      192.168.48.14       00-11-32-72-f0-af    動的
      192.168.48.15       24-5e-be-46-10-b4    動的
      192.168.48.69       e4-54-e8-ca-86-7d    動的
      192.168.48.82       08-00-27-a8-ec-fc    動的
      192.168.48.255      ff-ff-ff-ff-ff-ff    静的
      224.0.0.22          01-00-5e-00-00-16    静的
      224.0.0.251         01-00-5e-00-00-fb    静的
      224.0.0.252         01-00-5e-00-00-fc    静的
      239.255.255.250     01-00-5e-7f-ff-fa    静的
      255.255.255.255     ff-ff-ff-ff-ff-ff    静的
```

通信先のIPアドレスについて、まずは自分の持つARPテーブルを参照してMACアドレスを決定します。ARPテーブルに載っていないIPアドレスの場合には、調べ直します。

このとき、LAN（同じネットワーク）に所属する装置すべてに対して「○○○のIPアドレスを持っているMACアドレスは誰ですか」と問い合わせます。このように、ネットワーク内のすべての装置に行う通信は、**ブロードキャスト**と呼ばれます。

対応するIPアドレスを持った装置は、自分のMACアドレスを返します。それ以外の装置は、返答せずに無視します（**図9-7**）。

TIPS

ARPはRFC 826で定義されています。RFCについては、204ページのコラムを参照してください。ARPテーブルを操作するコマンドがarpで、オプションに-?を指定すると、使い方を見ることができます。IPv6ではARPは使われず、NDP（Neighbor Discovery Protocol近隣探索プロトコル）が使われます。近所に誰がいるかを問い（NS、Neighbor Solicitation）、答え（NA、Neighbor Advertisement）、ルーターがどこか探し（RS、Router Solicitation）、ルーターが答える（RA、Router Advertisement）といったことがなされます。

TIPS

ARPは、アープと読む人が多いようです。

9

ネットワークインターフェイス層の役割

TIPS

Linuxではip neighbor（省略形はip n）でも確認できます。

TIPS

呼びかける相手はブロードキャストです。2進数で全部のビットが立っているので16進数表記でFFFFFFFFFFFFです。

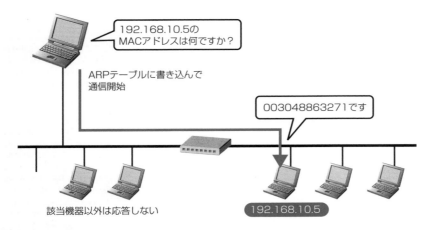

●図9-7　ARPによるMACアドレス調査の流れ

　問い合わせを行った装置は、入手したMACアドレスとIPアドレスの対応を手元のARPテーブルに書き加えつつ、通信を開始します。

　ARPテーブル上の情報は、通常は自動で更新されます。OSによって期限の時間は違いますが、Windowsならば最大10分（600秒）です。そのため、IPアドレスが同じでMACアドレスが変わったときなどは、短ければすぐに、長くとも10分で通信が可能になります。

TIPS

ARPテーブル上の情報は自動で更新されますが、手動で固定化することも可能です。

9-2-5 ▶ 直接ルーティングと間接ルーティング

　ARPの仕組みでは、**ブロードキャスト**が使われます。ブロードキャストの通信は、ネットワーク内のすべての装置に送られますが、ネットワークの外には出ていきません。ネットワークの外に出ないよう破棄されます。

　つまり、ARPの仕組みを使っても、ルーターの向こう側にあるサーバーのMACアドレスを調べることはできません。このような場合は、すでに学習したとおり、デフォルトゲートウェイに処理をまかせます。つまり、デフォルトゲートウェイであるルーターのMACアドレスを調べて、そこにパケットを送るのです。

　パケットを受け取ったルーターなどの装置は、次に自分が送るべき相手を調べ、そのMACアドレスに対してパケットを送ります。この作業を繰り返し、送付先のMACアドレスを付け替えながらバケツリレーが進んでいきます。

TIPS

本書の解説範囲から外れるため詳しくは述べませんが、ARPテーブルは標準的には自称された内容をそのまま受け入れる仕組みです。そのため、セキュリティ的に問題が発生する場合があります。

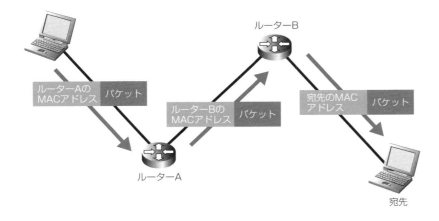

ルーターB

ルーターAの
MACアドレス　パケット

ルーターBの
MACアドレス　パケット

宛先のMAC
アドレス　パケット

ルーターA

宛先

●図9-8　MACアドレスを付け替えながらパケットが送られる

　自分と同じネットワークに所属する装置との通信を**直接ルーティング**、デフォルトゲートウェイなどの装置に通信をまかせる場合を**間接ルーティング**と呼びます。

9-3 物理層

ここでは、OSI基本参照モデルの最も下のレイヤーである物理層について学びます。物理層は、先に解説したデータリンク層と併せて、TCP/IPモデルではネットワークインターフェイス層に属しています。

9-3-1 物理層とは

物理層はOSI基本参照モデルのL1にあたり、通信の物理的な動作を定義しています。TCP/IPモデルでは、L2のデータリンク層と同様、ネットワークインターフェイス層に属します。

物理的な動作とは、たとえば1か0かというデータをやりとりする際に、電気信号を使うのか、電波を使うのか、あるいは光などでをやりとりするのかといった規格の定義です。何が1なのか、何が0なのか、通信の始まりはどのようにするか、終わりはどのようにするかといった点はもちろん、コネクターの形状や電圧などまで、物理的な現象はこのL1で定義されます。

9-3-2 ケーブルの種類による違い

身の回りを見回すといろいろなケーブルがあります。最も多いのは電源のケーブルでしょうか。

ネットワーク通信に利用されるケーブルを見てみると、通信線の元祖ともいえる平行線（電話線に使われています）や、テレビなどによく使われる同軸ケーブル、光ファイバーなどがあります。これらにはそれぞれ一長一短あり、利用は適材適所という言葉がピッタリです。

TIPS
PLC（Power Line Communication：電力線搬送通信）という電源の線を使ったネットワークの通信方式もありますが、あまり一般的ではありません。

● 平行線

本書で紹介する中では、最も古くからあります。電話機と壁のモジュラーコンセントをつなぐ線が平行線です。ほかに、地上波がアナログだった時代にUHF帯の電波を伝送（200Ωと300Ωが主流でした）するために使われていました。構造としては簡単ですが、外来ノイズへの対策もなく、特性が変化しやすかったり、外部への電磁放射があったりたくさんの情報をやりとりする用途には向いていません。対策として線をよって少し改善したものがツイストペアです。

TIPS
Ω（オーム）はインピーダンスの単位です。抵抗の値として理科では学習したことがあるのではないでしょうか。

● 同軸ケーブル

同軸ケーブルは多少扱いづらいのですが、高調波を伝送できることから広く普及しました。構造はわりと簡単で、芯線の周りに絶縁体がありその外にシールドがあります。通信で使うものは50Ωが主流で、テレビなどでは75Ωが主流です。

● 光ファイバー

その名の通りケーブルの中に光を通して、光の状態で1／0を判定しデータ通信をします。非常に細いガラスの線を使い、線の中で全反射あるいは屈折を繰り返して反対側へ届きます。

同軸ケーブルと比較して損失が小さく、電磁ノイズに強いことなどから通信ケーブルの本命といわれます。ただし、同軸ケーブルと比較して曲げに弱く、個人で扱うには難しいという側面もあります。

●図9-9　光ファイバーケーブル

● ツイストペア

近場のコンピューター同士をつなぐために作られたツイストペアは、電話線で使う平行線に似ていますが、内部で線をより合わせてあります。このため、平行線よりノイズを外に出しにくく、外来ノイズにも強いです。通常のLAN用のケーブルには、2芯をより合わせたものを4対で、全部で8本の線が通ってます。

TIPS

以前は、太平洋の海底を同軸ケーブルを使って通信していたこともあったほどです。

TIPS

無限に延長できるものでなく、信号遅延などによる長さの制限もありました。たとえば太さ1cmくらいのケーブル（初期は黄色が多く、当時は通称イエローケーブルと呼ばれました）では、可能総延長は500mに制限されていました。

TIPS

光ファイバーはガラスだけでなく、プラスチック製もあります。

●図9-10　LANケーブルにはツイストペア

● 無線

　上に挙げた項目はすべてケーブルがある有線方式ですが、スマートフォン
やタブレットやゲーム機などは線がないことで可搬性を維持しています。初
期には超音波や赤外線（今でもTVやエアコンなどのリモコンと本体の間の通
信で採用され、日本のメーカーはだいたい家電製品協会(AEHA)方式、ＮＥＣ
方式、ソニーSIRC方式のどれかに準じているものが多いです）など含む各種
方式がありました。現在の主流は電波を使っているWi-Fi（ワイファイと読み、
商標です）です。IEEE802.11の規格を使ってWi-Fi Allianceの認証を受ける
と相互接続が保証され、それがスマートフォンやパソコンなどのいわゆる情
報機器でなくとも、カメラであっても、洗濯機やエアコンであっても通信でき
ることになっています。

　電波を使っている以上、その特性が強く使い勝手にも影響します。早くから
普及した2.4GHz帯は遠くまで飛びやすいという長所がありますが同じ理由で
近所のおうちを含むほかの2.4GHz帯の機器の影響を受けやすいです。それは
隣や近所の家のWi-Fi機器、あるいはWi-FiでないBluetooth（ワイヤレスイヤ
ホン、マウス、キーボードなどごく近距離の装置と通信する規格）の機器、電
子レンジ、一部のコードレスホンなどの同じ2.4GHz帯を使用しているISMバ
ンド（Industrial Scientific and Medical Band：国際電気通信連合 (ITU) によ
って割り当てられた医療、産業、科学分野で汎用的に使用するために割り当て
られた無線通信の周波数帯で「産業科学医療用バンド」とも呼ばれます）の電
波の混信を受けて速度が落ちやすいです。

　あとから普及している5GHz帯の短所は遠くまで飛ばず、障害物の影響を受
けやすいですが、それが長所となって混信しにくく接続できるなら速度低下
が起こりにくいという特徴を持っています。混同する人が多いですが5GHz帯
はケータイの5G（第五世代でGenerationのG）ではなく、電波の周波数として
一秒間に50億回振動するという意味の5GHzでGの意味が違います。

　電波は放射されるものですから初期は暗号化がなかったので傍受され

ると内容がまるわかりでしたが、今は保護するために暗号化（復号キーは
ブロードバンドルータではSSIDのそばに暗号化キーとして記載が多く、
WEP→WPA→WPA2→WPA3と暗号化水準も強力になっています）が標準
でなされています。また家などは材質が鉄骨構造や鉄筋コンクリートですと
壁を電波が透過できずに中継器などが必要になるなど線を接続するために引
き回すこととは違う問題がよくあります。混信や隠れ端末問題などにより、い
わゆる通信速度はその規格の三割から七割程度ほどの実力になりがちです。
そのためリモート会議やリモート授業で安定した接続を確保するために二階
から一階までLANケーブル（ツイストペア：一般にイーサネットEthernetと
呼ばれるIEEE802.3規格）を「転がし」で引き回して使用する例も多いです。線
がないことが最大のメリットでもあり、デメリットの原因でもあって、さらな
る技術の発展が期待されます。

TIPS

ここでの「転がし」とは配管な
どを用いずにケーブルをそのま
ま持ってきて、有線でつなぐ
ことと考えてください。

9-3-3 ▶ 線のつなぎ方による違い

本項は実際にはL2レベルとも関連しますが、接続に関して主流の方式を**図
9-11**にまとめました。このようなネットワークの接続形態を指して、**トポロジ
ー**という用語が用いられます。

TIPS

正式にはネットワークトポロ
ジーといい、ネットワーク上の
装置類（点）とそれらをつなぐ
ネットワークの経路を線でつな
いだ図です。
ここでは物理的なつながりを
述べていますが、論理的なつ
ながりもネットワークトポロ
ジーとしてあらわすことができ
ます。

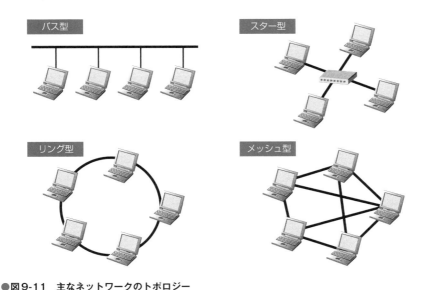

●図9-11　主なネットワークのトポロジー

● バス型

古くは**バス型**といい、1本の線にすべての機器をつなぐ方式が使われていま
した。バス型で簡単に使えるため、MACにはCSMA/CDが採用されました。
広い工場などでも使いやすい形をしています。

TIPS

先に解説した**CSMA/CD**は、
実際にはバス型で発明された
方式を規格化したものです。

● リング型

身近な方式として**リング型**もあります。すべての機器がリング状に接続されていて、ちょうど東京の山手線のような形態です。トークンパッシングはリング型でよく使われます。

● スター型

家庭やオフィスで多いのが**スター型**です。中心になる集線装置をhub（ハブ）と呼びます。集線装置から使う装置まで線を引っ張っていくという考え方が簡単で、バス型やリング型のように線の一部が切れても影響が全体に及ぶということがありません。ただし、hubが壊れると全部がダメになるという欠点があります。

● メッシュ型

メッシュ型は家庭などではあまり見られませんが、高い信頼性を求める企業の装置などで見られます。長所は、一箇所切断されても迂回して使用可能という、可用性が高いことです。欠点は図を見てわかる通り、たくさんの接続をしなくてはならないということです。

通常、メッシュ型はスター型と組み合わせることが多いでしょう。

AS（自律システム：Autonomous System）なインターネットプロバイダー同士は物理的な接続とは別に論理的にはメッシュ型でつながっており普段中継する相手が通信できなくなっていても迂回して通信を維持しています。

9-4 スイッチ

スイッチという装置の仕組みについて解説します。元々は単なる中継器から発達した装置ですが、現在はスイッチはネットワークの中核を担う装置です。ここでは、L2とL3のスイッチを解説します。

9-4-1 ▶ スイッチとは

スイッチは、通信をしたいMACアドレスによって通信路を切り替える装置、すなわちネットワーク線の切り替え器です（**図9-12**）。

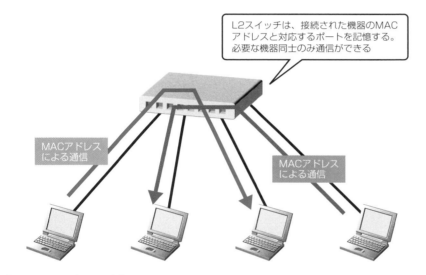

L2スイッチは、接続された機器のMACアドレスと対応するポートを記憶する。必要な機器同士のみ通信ができる

MACアドレスによる通信

MACアドレスによる通信

●**図9-12　スイッチの動作**

Ethernetでは、当初バス型のトポロジーでCSMA/CDを使用していました。CSMA/CDは制御が簡単な割には効率が良いのですが、接続される装置が増えると急激に通信の衝突が増えるというデメリットもあります。このようなネットワークにおける通信の衝突を**コリジョン**といい、コリジョンが増えると通信効率が悪くなります。

ネットワークで使われる機器には、スイッチの他にも**リピーター**や**ブリッジ**があります（**図9-13**）。

TIPS

正確には、バス型ではCSMA/CDでコリジョン（衝突）の検知が簡単なので制御が簡単ということです。筆者が調べた限り、CSMA/CDはハワイ大学で開発された無線のパケット通信がルーツにあるようです。

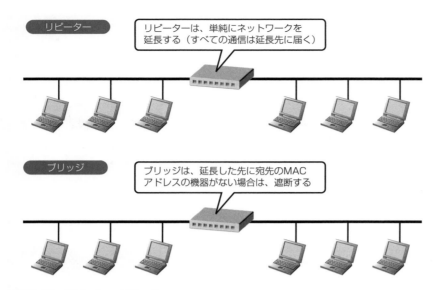

リピーター

> リピーターは、単純にネットワークを
> 延長する（すべての通信は延長先に届く）

ブリッジ

> ブリッジは、延長した先に宛先のMAC
> アドレスの機器がない場合は、遮断する

●図9-13　リピーター・ブリッジ

　図9-13にあるように、ネットワーク線の長さが足りなくて延長するものを
リピーターといいます。ただし、リピーターを使っていたとしても、装置が増
えれば同じようにコリジョンが発生します。

　「延長してもコリジョンが増えないようにするには、どうすれば良いか」、そ
う考えて発明されたのがブリッジです。ブリッジは、MACアドレスを覚え、
必要のない装置とは通信を行わないようにした装置です。

9-4-2 ▶ L2スイッチ

　通信のレイヤーの考えに合わせると、リピーターはL1の装置です。一方の
ブリッジはL2の装置です。

　スイッチは、ブリッジの考え方をさらに進めた装置だといえます。さまざまな
機器の間に入り、MACアドレス同士の物理通信経路を切り替えて通信を行う
ようにしています。こうしたスイッチはL2スイッチ（レイヤー2スイッチ）と呼
ばれ、現在販売されているLANのhubは、ほぼすべてがL2スイッチです。

　L2スイッチの導入によって、理論上はほとんどコリジョンが起こらないは
ずです。

TIPS

リピーターもブリッジも有線
LANではほとんど見なくなり
ましたが、無線LANを併用す
るネットワークでは今でも現役
です。

TIPS

現在販売されているhubは、
基本的にL2スイッチです。か
つては、L2スイッチのhubを
スイッチングハブ、そうでない
ものをリピーターhubと呼ん
でいました。現在もセキュリティ
上の理由で、リピーターhub
やそれと似た仕組みを持つ
タップと呼ばれる装置を使うこ
とはありますが、一般的では
ありません。

TIPS

ハブ（hub）は全部を大文字で
HUBと書かれることも多いで
すが、省略語ではなく英語の
単語です。日本語では「こし
き」という部分で車輪の中心
部のことです。自転車や馬車
などの車輪の中心に向かって
針金や棒が集まることを元に
して、線や情報や人などの集
まるところをhubというように
なりました。乗客や貨物を中
継する拠点空港は航空路線が
集まるのでハブ空港のように
呼ぶのもその一例です。コン
ピュータ関連ではUSBハブな
どもありますが、本書では
LANケーブルが集まってつな
がる中心の装置であるネット
ワークハブをhubと記述して
います。図9-9のスター型の
中心にあるものがhubです。

9-4-3 ▷ L3スイッチ

L2以外にもスイッチはあります。皆さんがよく名前を聞くのは、**L3スイッチ**（レイヤー 3 スイッチ）でしょう。

MACアドレスだけを見て物理通信経路を切り替える装置がL2スイッチだとすれば、ARPによってIPアドレスを解釈する物理通信経路の切り替え装置がL3スイッチです（**図9-14**）。

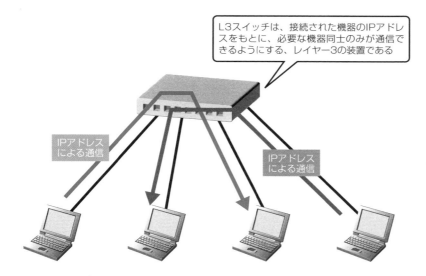

L3スイッチは、接続された機器のIPアドレスをもとに、必要な機器同士のみが通信できるようにする、レイヤー3の装置である

IPアドレスによる通信

IPアドレスによる通信

●**図9-14　L3スイッチの動作**

「IPアドレスを解釈して通信経路を選択する装置」というと、皆さんは本書ですでに1つ学んでいますね。そう、ルーターです。

つまり、L3スイッチはルーターと同じ働きをします。かつては、ルーターのほうが複雑なルール——たとえば経路選択ルールやフィルタリングルールなどを適用できるメリットがありました。しかし、現在ではその差はほとんどなくなっています。

LANケーブルや光ファイバーを使ったネットワークケーブルなどを使っている範囲での外観上の違いはルーターにはケーブルを挿すポートが比較的少なく、L3スイッチにはポートが多いくらいで差はほぼないと言って良いでしょう。しかし、広域の専用線を経由してネットワーク同士をつないだり、モデムと呼ばれる同軸線あるいは電話線をネットワークの接続先にする場合にはルーターが使用されています。

●図9-15　L3スイッチの例

COLUMN ☕

getmac コマンド

　getmacは、Windows XP（Professional）以降でサポートされたコマン
ドでMACアドレスをわかりやすく表示します。

　ipconfigというコマンドに/allというオプションを付ける（ipconfig /allと入
力して Enter キー）ことでもMACアドレスを表示できるのですが、他に表示さ
れる情報が多すぎて、慣れるまでは見つけるのに少々手間取るかもしれません。

　macOSでは、MACアドレスを/sbin/ifconfigというコマンドで確認できま
すが、これはipconfig /allと同様にたくさんの情報が出力されます。macOS
とLinuxではetherという項目名で表示されます。Linuxで本書で解説していな
いifconfigコマンドを使うと、Ether HWaddrという項目名で表示されます。

　なお、MACアドレスは2桁または4桁ずつ区切られて出力されることが多い
のですが、区切り文字に使われているハイフン「-」、コロン「:」、ドット「.」
に意味はなく、単に見やすくするだけだと思って構いません。また、システム
やOSによっては上の桁が省略されることもありますが、全部で6オクテット
の数値であることには変わりありません。

なんとなく、フラクタル

　皆さんの家庭のネットワークは図9-9のようにスター型をしているでしょう。そして各インターネットプロバイダーは各地域毎にスター型に接続します。各インターネットプロバイダーはリング型やスター型とメッシュ型を組み合わせて、自分のネットワークを構成します。さらに各プロバイダー同士はIX（Internet eXchange、インターネットエクスチェンジ）に接続することでスター型になります。大きなプロバイダーやコンテンツプロバイダーらは複数のIXに接続し、日本の中でみるとメッシュ型になります。さらに世界のあちこちともプロバイダが複数のIXとも接続してメッシュ型やスター型が組み合わさった形になっています。

　TCP/IPがもたらした、ネットワークをまたがる接続＝インターネットワーク、すなわちインターネットは大陸をまたがる大きな範囲から、家庭のような小さいところまで、それはフラクタル図形のように再帰的に、同じような形が何度もでてくるのです。TCP/IPの持つ拡張性のなせる業でしょう。

　世界中でTCP/IPが使われていますが、地球近傍を別として、惑星間に現在のTCP/IPネットワークを拡大するには光の速度は遅すぎます。CCSDS（consultative committee for space data systems、宇宙データシステム諮問委員会　https://public.ccsds.org/default.aspx、日本事務局https://stage.tksc.jaxa.jp/ccsds/index.html）は宇宙で使えるインターネット技術のようにさまざまなプロトコル群を検討しており、いつかその成果を享受できる日がくるでしょう。

要点整理

- ✔ TCP/IPモデルのネットワークインターフェイス層は、OSI基本参照モデルのL1、L2に相当する
- ✔ L1には電話線や光ファイバー、あるいは同軸ケーブルなどがある
- ✔ 各機器の接続の仕方はつなぎ方によって、バス型、リング型、スター型、メッシュ型などがある
- ✔ LANにおいては、Ethernetで直接通信できる範囲はMACアドレスで通信している
- ✔ ネットワーク機器は、IPアドレスからARPを使ってMACアドレスを調べる
- ✔ スイッチは、物理通信経路を切り替える装置である

問題1. ネットワークインターフェイス層について正しいか誤っているか判定してください。

正・誤
□ □ ①TCP/IPモデルのネットワークインターフェイス層は、OSI基本参照モデルのL3に相当する

□ □ ②MACアドレスはそれぞれの装置固有のID番号で、上位6桁がメーカ固有番号を示す

□ □ ③LAN内のMACアドレスとIPアドレスを合致させるためのプロトコルをICMPという

問題2. ネットワークインターフェイス層の関連の機器について _____ 内に適切な文字や数字を入れてください（使うOSはWindows）。

a. コンピューターのMACアドレスを調べるには、ターミナルで ① を実行する

b. ルーターのように、IPアドレスを解釈して通信を実現するスイッチを ② スイッチという

c. IPアドレスとMACアドレスの対応表を表示するには、ターミナルで ③ -aを実行する

問題3. ARPテーブルの説明にあたって、正しい数字や文字を記入、選択してください。

ARPテーブルには、MACアドレスとIPアドレスの対応が表になっており、[① （イ）間接 （ロ）直接 （ハ）特別 （ニ）超越] ルーティングに使用される。
同じネットワーク内のIPアドレスに対応するMACアドレスがARPテーブルに無い場合、[② （イ）ブロードキャスト （ロ）ユニキャスト （ハ）マルチキャスト （ニ）エニーキャスト] を使ってネットワーク内の装置に問いかける。

総復習

インターネットは、世界中に広がる巨大なネットワークに成長しました。そして、日々、新しいサービスやソフトウェアが登場し、私たちの生活を便利なものにしています。今も変化を続けるインターネットですが、そこにTCP/IP技術が使われている限り、根底にあるのは本書で学んできた数々の仕組みです。

最終章となる10章では、TCP/IPネットワークの上を通るデータの流れを追いながら、それぞれの技術について復習していきましょう。サーバーから送られてきたデータが、あなたの手元に届くまでの間、ネットワークの中ではいったい何が行われているのでしょうか。

10-1　データの流れを追ってみよう

本章では総復習として、全体の流れをもう一度おさらいしてみます。ここでは、下位レイヤーから上位レイヤーの流れで、データの流れを追いながら解説していきます。わからなくなったら前の章へ戻って復習してみましょう。

10-1-1 ▶ ネットワークインターフェイス層

TCP/IPネットワークの階層構造を、改めて**図10-1**に示します。

OSI基本参照モデル		TCP/IPモデル
アプリケーション層	7	アプリケーション層
プレゼンテーション層	6	アプリケーション層
セッション層	5	アプリケーション層
トランスポート層	4	トランスポート層
ネットワーク層	3	インターネット層
データリンク層	2	ネットワークインターフェイス層
物理層	1	ネットワークインターフェイス層

●**図10-1　TCP/IP モデル図**

　ネットワークインターフェイス層は、OSI基本参照モデルのL1、L2にあたります。ここでは、光や電気として届く物理信号を受け取り、意味のある塊に戻して次のレイヤーに引き渡します（**図10-2**）。ネットワークインターフェイス層では、MACアドレスという値を元にして、自分と直接通信できる相手とのみ通信を行います。

TIPS

相手先の確認はレイヤー3以上での機能になりますが、直接通信可能な相手との通信は、レイヤー2レベルで可能です。

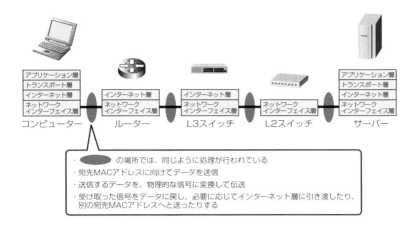

· ⬤ の場所では、同じように処理が行われている
· 宛先MACアドレスに向けてデータを送信
· 送信するデータを、物理的な信号に変換して伝送
· 受け取った信号をデータに戻し、必要に応じてインターネット層に引き渡したり、別の宛先MACアドレスへと送ったりする

●図10-2　ネットワークインターフェイス層の役割

　このレイヤーでは、直接データのやりとりができるのは、実際に同じネットワークに所属している装置同士です。そのため、ネットワークインターフェイス層で接続した装置は、それぞれ装置同士の間で伝言ゲームのように情報を伝えていき、目的の装置までデータを届けます。

10-1-2 > インターネット層

　インターネット層は、OSI基本参照モデルではL3にあたります。インターネット層では、IPアドレスという論理的な宛先を使って、データの送受信を行います。このとき、下位のレイヤーであるネットワークインターフェイス層については考慮する必要がありません（**図10-3**）。

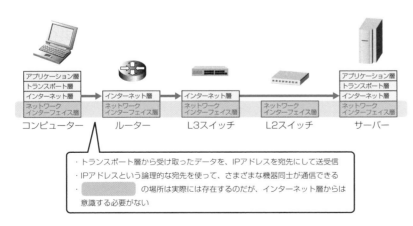

· トランスポート層から受け取ったデータを、IPアドレスを宛先にして送受信
· IPアドレスという論理的な宛先を使って、さまざまな機器同士が通信できる
· 　　　　　　の場所は実際には存在するのだが、インターネット層からは意識する必要がない

●図10-3　IPアドレスで通信するインターネット層

インターネット層の存在により、物理的なケーブルの違い、伝送方法の違いなどといった部分を覆い隠し、IPアドレスという値を使った1つのネットワークとして取り扱うことができるようになります。

異なるネットワークに属する端末と端末が、IPアドレスという同じ仕組みを使ってやりとりできることや、ネットワークを超えた通信を可能にすること——つまりインターネットワーク的なやりとりを支えているのが、IPというプロトコルです。

TIPS

一般的にルーティングと呼ばれるのは、IPを使った間接ルーティングの場合が多いです。本書でも、IPによる間接ルーティングを単にルーティングと呼んでいます。

10-1-3 ▶ トランスポート層

トランスポート層は、OSI基本参照モデルのL4にあたります。インターネット層には、通信の信頼性を高めるための仕組みが用意されていません。トランスポート層の役割は、インターネット層までの信頼性が低く、複雑な機能を持たないネットワークの通信に対して、より優れた機能を提供することです。その中には、確実なデータの転送を優先したTCP、多少データの信頼性を犠牲にしてでも処理速度を優先したUDPがあります。

トランスポート層は、アプリケーション層とインターネット層の間でデータの橋渡しを行います。L3までと違い、ネットワークの遅延などの影響はあるものの、サーバーやコンピューター同士がどれだけ離れているかに関わらず、つながった状態になります（**図10-4**）。

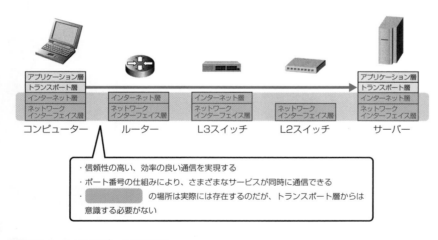

●**図10-4　トランスポート層の通信**

200

10-1-4 ▶ アプリケーション層

アプリケーション層は、OSI基本参照モデルにおけるL5〜L7に該当します。ここでは、ユーザーから受け取った依頼を実現するため、下のレイヤーであるトランスポート層に引き渡します。そして、届いたデータをトランスポート層から受け取り、受け取ったデータをユーザーにわかる形で表現する役割を担います（**図10-5**）。

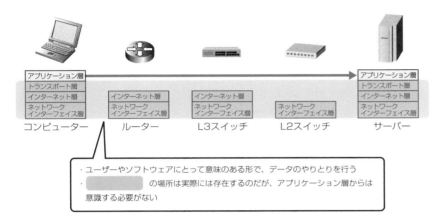

・ユーザーやソフトウェアにとって意味のある形で、データのやりとりを行う
・　　　　　　　　　　の場所は実際には存在するのだが、アプリケーション層からは意識する必要がない

●**図10-5　アプリケーション層は受け取ったデータを表現する**

つまり、ホームページを見たり、電子メールを送受信したりといった行為は、アプリケーション層のソフトウェアによって実現されているのです。

たとえば、ポート80で待つWebサーバーに「このURLで示されるデータをください」と依頼すれば、サーバーから該当するデータが送られてきます。ですが、こうしたやりとりを人間が手作業で行うのはかなり面倒です。そこで、定型作業を自動化しつつ、文書や静止画像・動画などを決まりに従って表示するソフトウェアがブラウザーです。

10-1-5 ▶ そして「あなた」

コンピューターがデータを受け取ると、ここまで解説した流れでデータが運ばれていき、画面に情報が表示されます。それをあなたが受け取ります。

TIPS

人間がデータを受け取らず、コンピューターがデータを受け取って、判断して、アプリケーション層のプロトコルに従って指示を出すかもしれません。そのとき、サーバーは指示に従い、何かを行って結果を返すということをしているでしょう。それは株の売買かもしれませんし、何か有事の際に警報を出す仕組みかも知れません。7-8参照。

10-2 最後に

おつかれさまでした。ここまでお読みになったあなたは、インターネットを支える TCP/IP 技術の基礎を学ぶことができたことでしょう。

10-2-1 ▶ 本書のまとめ

　あなたがブラウザーのリンクをクリックやタップするたびに、ブラウザーは Web サーバーにリクエストを送信します。私たちにとってはたったそれだけの操作ですが、その間に、アプリケーション層からトランスポート層へ、トランスポート層からインターネット層へ、インターネット層からネットワークインターフェイス層へと次々にデータが送られていきます。データを受け取る側では、この逆の順序で Web サーバーまでリクエストが届きます。ホームページの仕組みではあなたに近いところでは HTTP が、背後では名前解決（DNS）や到達性およびパケットサイズの決定（ICMP）を含むたくさんのプロトコル群が使われています。ホームページだけでなく、SNS に代表されるメッセージングや電話などのコミュニケーションに使う仕組み、情報を保護する仕組み、またそれらをささえる通信経路を決定する仕組みとしてのプロトコルなど様々なものもインターネットの各所で流れています。サーバーは受け取ったリクエストに対して要望通りの回答をしたり、応えられないときにはエラーを返すわけですが、往路と同じように上の層は直下の層が受け取り、それよりも下の層を意識することなくネットワークインターフェイス層まで送られ、手元の装置ではまた逆の順序でアプリケーション層まで送られてあなたが目にするのです。

　インターネット上のあらゆるサービスは、こうした手順を繰り返し情報のやりとりを行っています。その結果として、私たちユーザーはネットワークの仕組みや構造を気にすることなく、インターネットライフを満喫できるのです。

　家庭では有線 LAN だけでなく、無線 LAN が当たり前になり、スマートフォン・タブレット・携帯電話によるインターネット接続が当然になりました。IPv4 が枯渇し、IPv6 への移行は、日本の主要ケータイキャリアで 2016 年夏モデルから対応が始まり、2018 年春からすべてのケータイキャリアネットワークで利用開始し、すでにユーザは IPv4 も IPv6 も意識せずに使用しています。バージョンに関係なく、いつでも、どこでも、誰とでも……現代のインターネットライフを実現する基礎的な技術として、TCP/IP は長く利用されています。

将来、インターネットの仕組みがTCP/IP以外の何か革新的なプロトコル
に置き換えられたとしても、おそらくその考え方はネットワーク通信の基本
として残っていくことでしょう。

　本書を読んでネットワーク通信を体験した皆さんは、TCP/IP技術の概略
を理解できたことと思われます。これで、より専門的な学習や情報収集をスムー
ズに行うことができるでしょう。さらに学習してステップアップし、将来の
ネットワークを支える人材になることを期待します。Good luck ！

RFCについて

　インターネットにおける技術的な仕様の取り決めをまとめたものが、RFC（Request for Comments）と呼ばれる文書で、IETF（Internet Engineering Task Force）が取りまとめと公開を行っています。IETFは、インターネットの技術の標準を取りまとめる団体であり、RFCを字面通りに訳せば「コメント募集」となるのですが、実際にはRFCはIETFの正式文書です。

　「RFC 821」のように、RFCという文字に続けて文書番号を表す数字を書きます。さらに、RFCは古い文書を置き換える場合があります。たとえば電子メールのプロトコルであるSMTPの最新版RFCは、2023年6月現在ではRFC 5321です。それまでSMTPの仕様をまとめていたRFC 2821は廃止されました。このように、RFCは丸ごと新しいRFCに置き換えられる場合があります。

　なお、RFCは仕様をまとめたものであって、実装（実際に組み込むこと）はそれぞれの装置やソフトの開発者が行います。そのため、文書の解釈が分かれて挙動が異なる場合もあり得ます。

　検索サイトを使って「RFC 2555」のように検索すれば、該当のRFCを探し出すことができるでしょう。日本語に翻訳された文書を見つけることもできますが、実際には英語で書かれたものが正式です。

●表　本書に出てくる内容と関係の深いRFC

RFC番号	該当技術
RFC 768	UDP
RFC 791	IP
RFC 792	ICMP
RFC 9293	TCP
RFC 826	ARP
RFC 854	Telnet
RFC 959	FTP
RFC 1034, RFC 1035, RFC 2606, RFC 7871	DNS
RFC 1157	SNMP
RFC 5905	NTP
RFC 1939	POP Version 3
RFC 2131、RFC 3315	DHCP
RFC 2328	OSPF Version 2
RFC 2453	RIP Version 2
RFC 8200	IPv6
RFC 2555	RFCの30年
RFC 7230～7235	HTTP/1.1
RFC 3986	URIの一般的書式
RFC 4271	BGP
RFC 5321	SMTP

索引

■著者紹介

柴田 晃（しばた あきら）

社会人になって事務職をしていたのに、なぜかコンピューターを使ってサービス提供をしたくなりサーバーを構築。ところが、ネットワークに関する理解も必要だと気づき、レイヤー7からレイヤー1へと理解を深めていった。文科系の出身で、自分自身がわからなかった頃の気持ちを込めて、正しい情報をライトノベルのように読みやすく、中学生にもわかりやすい文章で書くことを目標にしている。「OpenStreetMap」プロジェクトに関わってから自転車によく乗るようになり、凝り性な性格のため、ついにはブルベ（長距離サイクリングイベント）に参加するまでになった。Webサイト「三日物語」を運営中。モットーは「初心忘るべからず」。

デザイン・装丁 ● 吉村 朋子
本文イラスト ● 森井一三（スタジオキャロット）
レイアウト ● 技術評論社　出版業務課
編集 ● 野田 大貴

■サポートホームページ
本書の内容について、弊社ホームページでサポート情報を公開しています。
https://gihyo.jp/book/2023/978-4-297-13643-7

ゼロからわかるネットワーク超入門
―基礎知識からTCP/IPまで［改訂第3版］

2010年　5月25日　初　版　第1刷発行
2023年　9月　8日　第3版　第1刷発行

著　者　柴田　晃
発行者　片岡　巌
発行所　株式会社技術評論社
　　　　東京都新宿区市谷左内町21-13
　　　　電話　03-3513-6150　販売促進部
　　　　　　　03-3513-6177　第5編集部

製本／印刷　図書印刷株式会社

定価はカバーに印刷してあります

ISBN978-4-297-13643-7　C3055
Printed in Japan

■お問い合わせについて
ご質問は本書の記載内容に関するものに限定させていただきます。本書の内容と関係のない事項、個別のケースへの対応、プログラムの改造や改良などに関するご質問には一切お答えできません。なお、電話でのご質問は受け付けておりませんので、FAX・書面・弊社Webサイトの質問用フォームのいずれかをご利用ください。ご質問の際には書名・該当ページ・返信先・ご質問内容を明記していただくようお願いします。
ご質問にはできる限り迅速に回答するよう努力しておりますが、内容によっては回答までに日数を要する場合があります。回答の期日や時間を指定しても、ご希望に沿えるとは限りませんので、あらかじめご了承ください。

●問い合わせ先
〒162-0846　東京都新宿区市谷左内町21-13
株式会社技術評論社　第5編集部
「ゼロからわかるネットワーク超入門
　―基礎知識からTCP/IPまで［改訂第3版］」質問係
FAX番号　03-3513-6173

なお、ご質問の際に記載いただいた個人情報は、ご質問の返答以外の目的には使用いたしません。また、返答後は速やかに破棄させていただきます。